高等职业教育机电类专业“十三五”规划教材

电工技术基础实训指导

朱月华　程辉丽　主　编
尤丹丹　副主编
陆建遵　主　审

中国铁道出版社有限公司
CHINA RAILWAY PUBLISHING HOUSE CO., LTD.

内容简介

本书为尤丹丹、朱月华主编的《电工技术基础》(中国铁道出版社出版)的配套书,内容共分四个部分,包括电工实训室与安全用电基础知识、电工基础实验、综合基础实训、综合实训等内容。本书注重实用技术的传授,以动手能力的培养为主线,重点放在电工操作技能的训练,培养学生分析和解决实际问题的能力;遵循循序渐进的原则,由基础技能到综合技能培训,并辅以行进式的考评,以确保实训的质量。本书的特点为突出实用、强调能力、分段培养、行进式考评。

本书适合不同学时要求的高职高专强电、弱电、计算机及机电一体化等专业选用,同时可作为非电类专业电工学一体化教学的教材。

图书在版编目(CIP)数据

电工技术基础实训指导/朱月华,程辉丽主编.—北京:中国铁道出版社,2019.2(2022.12 重印)

高等职业教育机电类专业"十三五"规划教材

ISBN 978-7-113-25530-5

Ⅰ.①电… Ⅱ.①朱…②程… Ⅲ.①电工技术-高等职业教育-教材 Ⅳ.①TM

中国版本图书馆 CIP 数据核字(2019)第 026843 号

书　　名:电工技术基础实训指导
作　　者:朱月华　程辉丽

策　　划:李志国　　编辑部电话:(010)83527746
责任编辑:李小军
编辑助理:初　祎
封面设计:刘　颖
责任校对:张玉华
责任印制:樊启鹏

出版发行:中国铁道出版社有限公司(100054,北京市西城区右安门西街 8 号)
网　　址:http://www.tdpress.com/51eds/
印　　刷:河北宝昌佳彩印刷有限公司
版　　次:2019 年 2 月第 1 版　2022 年 12 月第 4 次印刷
开　　本:787 mm×1 092 mm　1/16　**印张**:8.25　**字数**:195 千
书　　号:ISBN 978-7-113-25530-5
定　　价:22.00 元

前 言

PREFACE

为了落实《教育部关于加强高职高专人才培养工作的意见》的精神，结合党的二十大报告中指出高质量发展是全面建设社会主义现代化国家的首要任务。建设现代化产业体系，推进新型工业化，加快建设制造强国、质量强国、航天强国、交通强国、网络强国、数字中国。加快建设国家战略人才力量，努力培养造就更多大师、战略科学家、一流科技领军人才和创新团队、青年科技人才、卓越工程师、大国工匠、高技能人才。适应我国高职教育培养面向生产第一线人才的需要，并考虑到目前多数高职高专院校机电类专业的教学计划，结合高等职业教育注重实际技术和能力培养，以及培养既能动脑又能动手的应用型人才的特点，编者根据多年的教学实践和职业技能培训经验编写了本书。本书编写以国家维修电工技能鉴定标准为依据，立足高职高专教育人才培养目标，遵循社会经济与企业发展需求，突出职业岗位应用性和针对性的职业教育特色，注重实践能力与创新创业能力培养。

作为《电工技术基础》的配套辅助教材，《电工技术基础实训指导》的课程教学学时为60学时。教材对实验仪器和实训场所未做特殊、统一要求，各校可根据自身实训条件、专业课程安排取舍实训内容。教学方式可采用独立设课，也可以先进行两学时基础知识的教学，然后再安排两学时实训课程。

本书力求体现内容和编排的可选择性，方便不同学时的高职高专强电、弱电、计算机及机电一体化等专业的选用，也可以作为非电类专业电工学一体化教学的教材或参考书。

本书由贵州工业职业技术学院朱月华（第二部分、第四部分），贵州工业职业技术学院程辉丽（第三部分、第四部分），贵州工业职业技术学院尤丹丹（第一部分）编写。由朱月华、程辉丽任主编，负责内容的组织和统稿工作；尤丹丹任副主编。

本书由贵州工业职业技术学院陆建遵主审，他对书稿提出了很多宝贵意见和建议，在此表示衷心的感谢。

本书在编写过程中，贵州工业职业技术学院的梁苏芬、杨立春、罗晓青同志也提出了很多宝贵意见和建议，在此一并表示感谢。同时，本书部分内容的编写参考了有关资料（见参考文献），在此对参考文献的作者表示衷心的感谢。

由于编者水平有限，书中尚有许多不足之处，殷切期望各位专家、同行批评指正，亦希望得到读者的意见和建议。

编 者

2022年12月

目录

CONTENTS

第一部分　电工实训室与安全用电基础知识

知识一　认识电工实训室

电工实训室是工科专业的重要实践教学场所。在实训中，学生要学习以下内容：电工安全作业的基本要求；常用电工工具及常用仪器仪表的使用方法；常用电机和电气设备的安装与使用；照明和一般动力电路的布线。电工实训室承担各个模块电工实验、实训教学，一般采用随堂实验和专用周的教学模式，培养学生的综合运用能力、创新能力及团队合作精神。

一、电工实训室简介

电工实训室布置图如图 1-1 所示，电工实训室正面通常装有黑板，两侧摆放实训台，墙上张贴《实训室操作规程》《实训室安全用电规定》及各种挂图(板)，且实训室内应配置 1～2 台电气灭火器。

电工实训台如图 1-2 所示，主要由实训架、网孔板(按一定规律排列的网孔组成的常用低压电气安装板)及实训元器件组成。学生可以根据实训项目进行元器件的合理布局，从而独立完成安装、接线、运行的全过程，接近于工业现场。能完成电工基础电路、电机控制线路、照明配电等实训操作。若配备各种电工实训考核挂板，可将实训、考核、认证融于一体。

图 1-1　电工实训室布置图

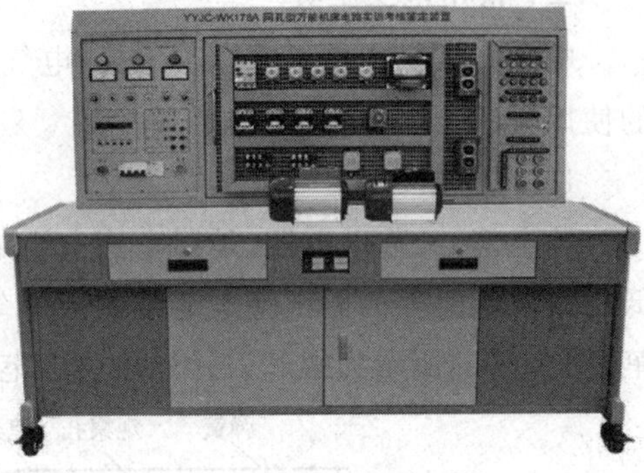

图 1-2　电工实训台

1. 实训台电源配置

① 电源输入：三相 AC 380×(1±10%)V，50 Hz。

② 固定交流输出：三相五线 380 V 接插式两组；220 V 接插式一组；插座式三组。

③ 可调交流输出：0～250 V 连续可调交流电源一组。

④ 直流稳压输出：±15 V/0.5 A 各两组。

⑤ 可调直流输出：0～24 V/2 A 一组。

2. 实训室操作规程

每个学校可根据实际情况具体制订,但是有几点必须强调:学生进入实训室后,未经指导老师同意,不得擅自动用设备、工具及仪器仪表;发现异常现象,应立即断开电源,然后报告指导老师,认真分析并查明原因,落实防范措施。

3. 实训室安全用电规定

尽管实训操作台有各种保护措施,但安全用电的意识一刻也不能放松。例如:室内任何电气设备未经验电,一般视为有电,不准用手触及;任何接、拆线都必须切断电源后方可进行,并挂上相应警示牌;若送电,需经指导老师检查后达到通电条件才能通电;实训结束,需整理好实训台,将仪器仪表归位,保持实训室的整洁;一定要检查总电源开关是否断开等。

4. 电工实训室安全文明规定

① 按照上课时间进入实训室,实验室内禁止吸烟,禁止大声喧哗、嬉闹,行走过程中注意周边物品,避免滑倒或碰到实验设备,不摆弄与实验无关的仪器仪表。

② 禁止携带食物、饮品等进入实验室,实验室禁止使用手机。

③ 每次实验课前做好课前预习。

④ 每次实验按小组按固定工位进行实验,实验开始前认真听老师讲解。

⑤ 连接线路前检查元器件、导线绝缘是否完好,发现有缺陷应立即停止使用并及时更换。

⑥ 严格遵守“先接线,后通电”和“先断电,后拆线”的操作顺序;连接、拆卸线路前都应该检查并确保电源处于关闭状态。

⑦ 做交流电实验过程中,接好的实验电路一定让老师检查无误以后方可通电、运行。

⑧ 必须严格按照仪器仪表操作规程,正确操作仪器仪表。

⑨ 每次实验结束后关闭电源,整理好实验台,分组打扫实验室卫生后,方可离开实训室。

二、常用电工工具

电工日常操作离不开电工工具,电气操作人员必须掌握常用电工工具的结构、性能和正确的使用方法。

1. 验电笔

验电笔,又称试电笔,是用来检查线路和电器是否带电的工具。验电笔分为高压验电笔和低压验电笔两种。低压验电笔常做成钢笔式或螺丝刀式。图 1-3(a)所示为钢笔式低压验电笔,图 1-3(b)所示为螺丝刀式低压验电笔。

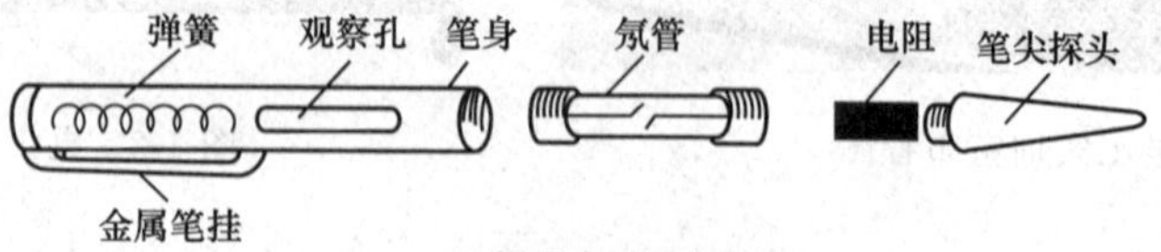

(a) 钢笔式低压验电笔

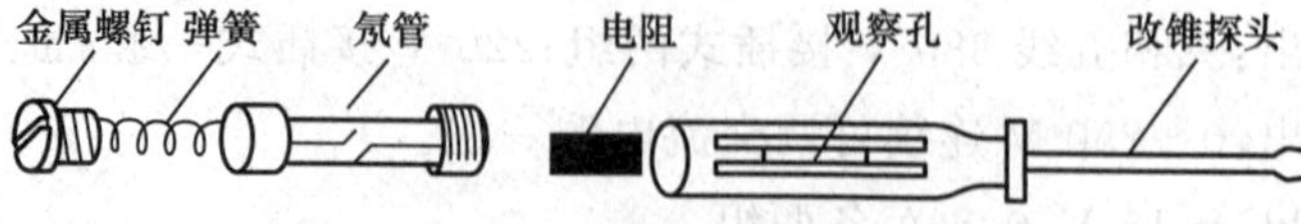

(b) 螺丝刀式低压验电笔

图 1-3　低压验电笔的结构

验电笔的工作原理，具体说明如下：

❖ 当验电笔去检测某一导体是火线还是零线时，通过验电笔的电流（也就是通过人体的电流）I=加在验电笔和人体两端的总电压U，除以验电笔和人体两端的总电阻R。

❖ 测火线时，照明电路，火线与地之间有电压$U=220$ V左右，人体电阻一般很小，通常只有几百到几千欧姆，而验电笔内部的电阻通常有几兆欧左右，通过验电笔的电流（也就是通过人体的电流）很小，通常不到1 mA，这样小的电流通过人体时，对人没有伤害，而这样小的电流通过验电笔的氖管时，氖管会发光。

❖ 测零线时，$U=0$，$I=0$，也就是没有电流通过验电笔的氖管，氖管当然不发光。这样我们可以根据氖管是否发光判断火线还是零线。

普通验电笔测量电压范围在60～500 V之间，低于60 V时验电笔的氖管可能不会发光，高于500 V不能用普通验电笔来测量，否则容易造成人身触电。

使用时注意手指必须接触金属笔挂（钢笔式）或验电笔顶部的金属螺钉（螺丝刀式），使电流由被测带电体经验电笔和人体与大地构成回路。只要被测带电体与大地之间电压超过60 V，氖管就会起辉发光，观察时应将氖管窗口背光面向操作者。验电笔的正确握法如图1-4所示，使用验电笔时，以中指和拇指持验电笔笔身，食指接触笔尾金属体或笔挂。当带电体与接地之间电位差大于60 V时，氖管发光，证明有电。注意：人手接触电笔部位一定要在验电笔的金属笔盖或者笔挂，绝对不能接触验电笔的笔尖金属体，以免发生触电。

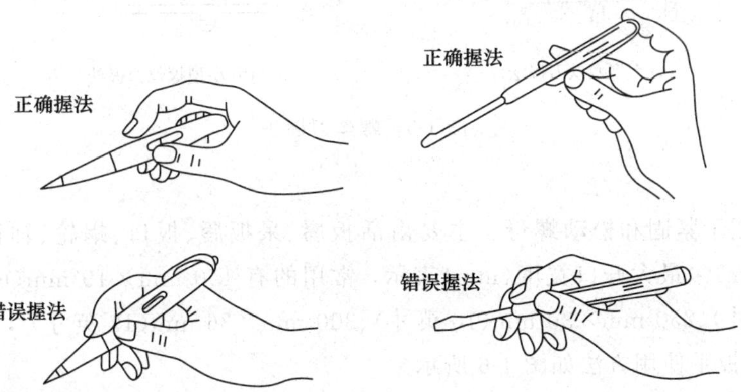

图1-4　验电笔正确握法

使用验电笔注意事项：

① 使用验电笔之前，应先检查验电笔内有否安全电阻，再检查验电笔有否损坏，有否受潮或进水现象，检查合格后方可使用；

② 使用时，一定要用手触及验电笔尾端的金属部分，否则，因带电体、验电笔、人体与大地之间没有构成回路，验电笔中的氖管不会发光造成误判，但不能用手触及验电笔前端的金属探头，以防造成人身触电事故；

③ 在使用验电笔测量电气设备是否带电之前，先要将验电笔在有电源的部位检查一下氖管能否正常发光，如能正常发光，方可使用；

④ 在明亮的光线下使用验电笔测量带电体时，应注意避光，以免因光线太强而不易观察

氖管是否发光，造成误判；

⑤ 使用完毕后，要保持验电笔清洁，并放置在干燥处，严防碰摔。

2. 旋具（螺丝刀、螺钉起子）

螺丝刀是用来紧固或拆卸螺钉的，主要有一字头和十字头两种。

螺丝刀作用与握持方法如图 1-5 所示，大旋具一般用来紧固较大的螺钉，使用时，除大拇指、食指和中指要夹住握柄外，手掌还要顶住柄的末端，这样就可以防止旋具转动时滑脱。小旋具一般用来紧固电气装置接线柱头上的小螺丝钉，使用时，可用手顶住柄的末端。使用螺丝刀注意使用时，应按螺钉的规格选择适当的刀口。带电作业时，手不可触及螺丝刀的金属杆，以防触电。电工不可使用金属直通柄顶的螺丝刀，以防触电。金属杆应套绝缘管，防止金属杆触到人体或邻近带电体。

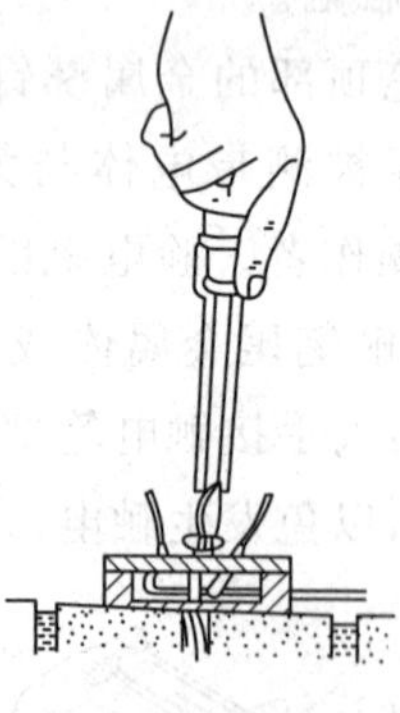

(a) 大型螺丝刀握法

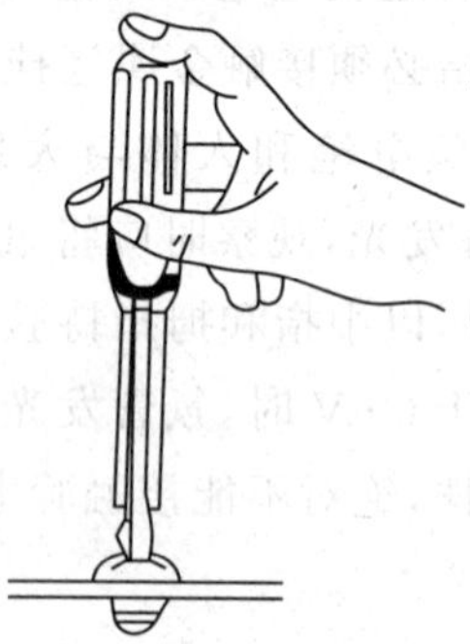

(b) 小型螺丝刀握法

图 1-5 螺丝刀握法

3. 扳手

扳手主要用于紧固和松动螺母。主要由活扳唇、呆扳唇、扳口、蜗轮、轴销、手柄等构成。规格以长度(mm)×最大开口宽度(mm)表示，常用的有 150 mm×19 mm(6 英寸)、200 mm×24 mm(8 英寸)、250 mm×30 mm(10 英寸)、300 mm×36 mm(12 英寸)，使用时应根据螺母的大小选配，扳手使用方法如图 1-6 所示。

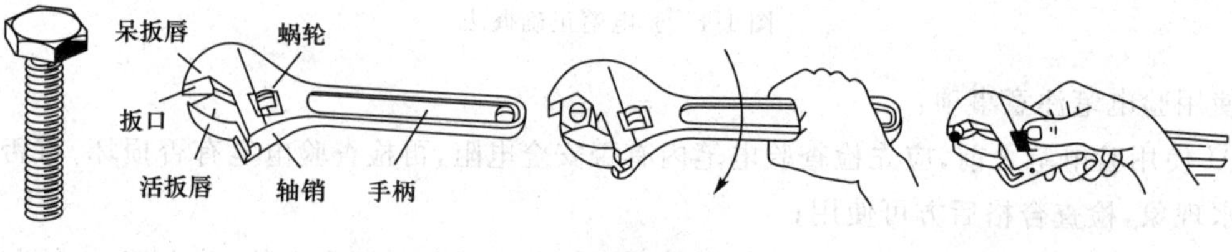

图 1-6 扳手使用方法

使用扳手注意事项：

❖ 使用时，旋动蜗轮使扳口卡在螺母上，一般顺时针旋紧螺母，逆时针旋松螺母。

❖ 扳动大螺母时，手应握在手柄尾端处；扳动小螺母时，手应握在靠近头部的部位，拇指可随时调节蜗杆，收紧扳口以防止打滑。

❖ 旋动螺杆、螺母时，必须把工件的两侧平面夹牢，以免损坏螺杆或螺母的棱角，不能反方向用力，否则容易扳裂活扳唇。

❖ 不准用钢管套在手柄上作加力杆使用；不准用作撬棍撬重物或当锤子敲打。

4. 电工刀

电工刀外形如图 1-7 所示，电工刀可用来剖切导线、电缆的绝缘层和木台、电缆槽等。电工刀不带绝缘装置，不能进行带电作业，以免触电。使用时应将刀口朝外剖削，以 45°切入，以 15°倾斜向外剖削导线绝缘层，以免割伤导线。图 1-8 所示为电工刀剥削导线示意图。

图 1-7　电工刀外形图

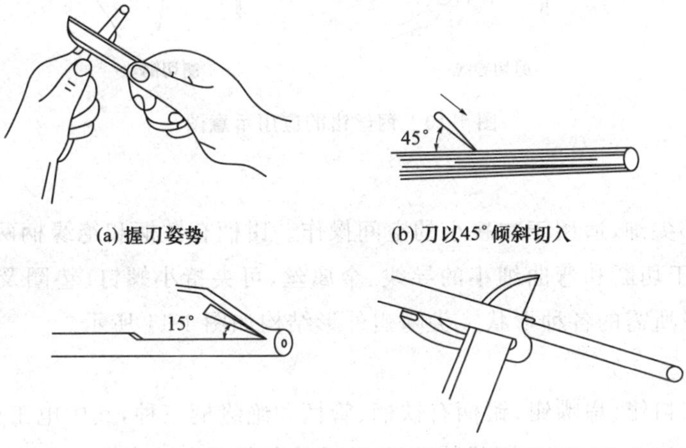

图 1-8　电工刀剥削导线示意图

5. 钳子

常用的钳子分为钢丝钳、尖嘴钳、断线钳及剥线钳。

(1) 钢丝钳

电工用钢丝钳，常用的规格有 150 mm、175 mm 和 200 mm 三种，其结构由钳头和钳柄两部分组成，钳头由钳口、齿口、刀口和铡口四部分组成。钢丝钳结构如图 1-9 所示。

钳口用来弯绞和钳夹导线线头；齿口用来紧固和旋松螺母；刀口用来剪切或剖削软导线绝缘层；铡口用来铡切导线线芯、钢丝或铅丝等较硬金属丝。钢丝钳的应用示意图如图 1-10 所示。

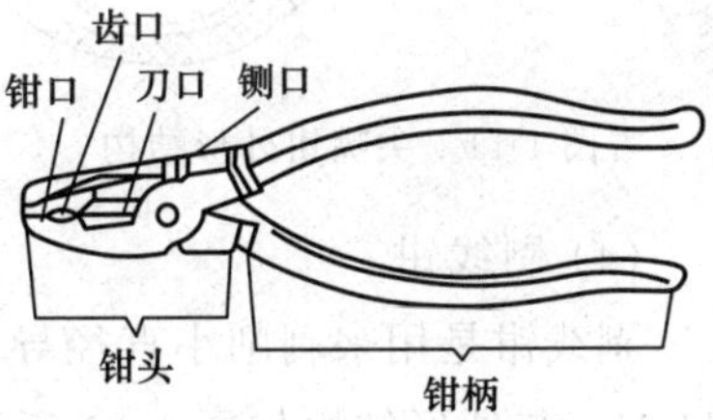

图 1-9　钢丝钳结构图

使用钢丝钳注意事项：

① 使用前应检查手柄绝缘套是否完好；

② 在切断导线时，不得将相线和中性线同时在一个钳口处切断；

③ 使用时应把刀口的一侧面向操作者。

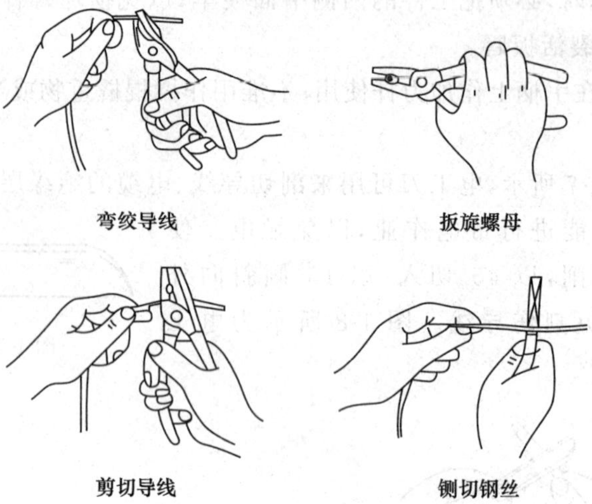

图 1-10　钢丝钳的应用示意图

(2) 尖嘴钳

尖嘴钳的头部尖细,适用于在狭小的空间操作。钳柄有铁柄和绝缘柄两种,绝缘柄的耐压为 500 V,主要用于切断和弯曲细小的导线、金属丝,可夹持小螺钉、垫圈及导线等元件,还能将导线端头弯曲成所需的各种形状。尖嘴钳外形结构如图 1-11 所示。

(3) 断线钳

断线钳又称斜口钳、扁嘴钳,钳柄有铁柄、管柄和绝缘柄三种,其中电工用的带绝缘柄断线钳的绝缘柄耐压多为 1 000 V。断线钳主要用于剪断较粗的电线、金属丝及导线电缆等。其外形结构如图 1-12 所示。

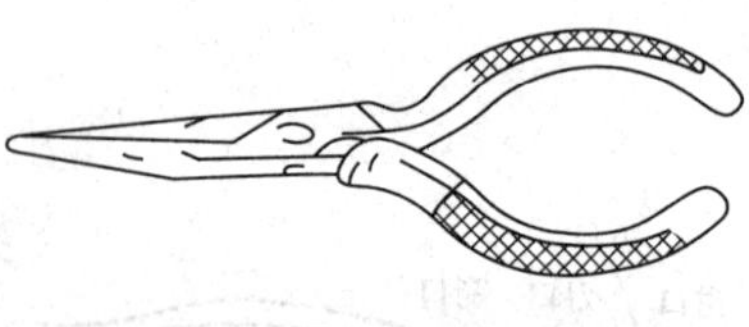

图 1-11　尖嘴钳外形结构

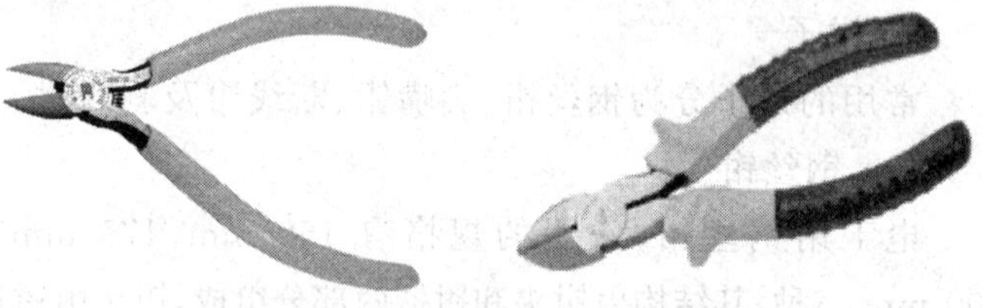

图 1-12　断线钳外形结构

(4) 剥线钳

剥线钳是用来剥削小直径导线绝缘层的专用工具,一般绝缘手柄套有绝缘套管,耐压为 500 V。其外形结构如图 1-13 所示。

图 1-13　剥线钳外形结构

剥线钳使用注意事项：

❖ 根据电线的粗细型号，选择相应的剥线刀口。

❖ 剥线钳使用时，将要剥削的绝缘层长度用标尺定好后，即可把导线放入相应的刃口中（刃口比导线直径稍大），用手柄一握紧，导线的绝缘层即被割破，且自动弹出。

6．梯子

电工常用的梯子有单梯、人字梯、升降梯等种类。常见电工用梯实物如图 1-14 所示，使用梯子应注意以下几点：

① 使用前要检查梯子是否结实、折裂等。

② 单梯与墙根夹角须维持在 45°～75°之间，以防滑塌和翻倒。

图 1-14　常见电工用梯实物图

7．防护用具

（1）安全帽

安全帽是用来保护施工人员头部的，必须由专门工厂生产。

（2）绝缘棒

绝缘棒结构如图 1-15 所示。绝缘棒主要是用来闭合或断开高压隔离开关，用做跌落保险及测量的。绝缘棒由工作部分、绝缘部分和手柄部分组成。工作部分由勾、夹、钳等工具组成。

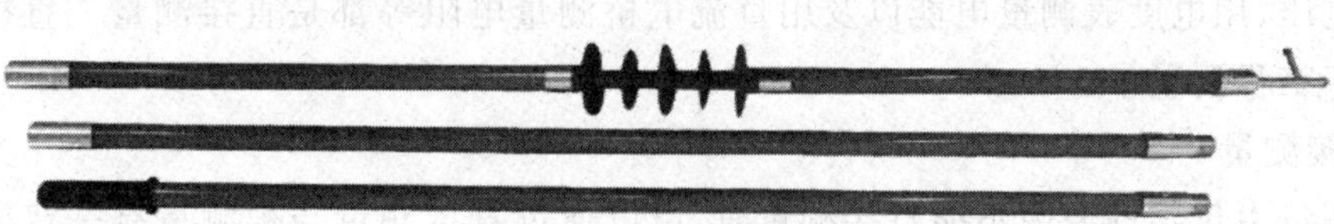

图 1-15　绝缘棒结构图

（3）绝缘手套

绝缘手套是用橡胶材料制成的，一般耐压较高。它是一种辅助性安全用具，一般常配合其他安全用具使用。

（4）绝缘垫

绝缘垫又称为绝缘毯、绝缘胶垫、绝缘橡胶板、绝缘胶板、绝缘橡胶垫、绝缘地胶、绝缘胶皮、绝缘垫片等，是具有较大体积电阻率和耐电击穿的胶垫，可用做配电等工作场合的台面或铺地绝缘材料。

三、电工测量基础知识

1. 电工测量的意义

电工测量就是借助于测量设备，把未知的电量或磁量与作为测量单位的同类标准电量或标准磁量进行比较，从而确定这个未知电量或磁量（包括数值和单位）的过程。

一个完整的测量过程，通常包含如下几个方面：

（1）测量对象

电工测量的对象主要是反映电和磁特征的物理量，如电流（I）、电压（U）、电功率（P）、电能（W）及磁感应强度（B）等；反映电路特征的物理量，如电阻（R）、电容（C）、电感（L）等；反映电和磁变化规律的非电量，如频率（f）、相位（φ）、功率因数（$\cos\varphi$）等。

（2）测量方式和测量方法

根据测量的目的和被测量的性质，可选择不同的测量方式和不同的测量方法。

（3）测量设备

测量设备包括测量仪器和作为测量单位参与测量的度量器。进行电量或磁量测量所需的测量仪器，统称电工仪表。电工仪表是根据被测电量或磁量的性质，按照一定原理构成的。度量器是电气测量设备的重要组成部分，它不仅作为标准量参与测量过程，而且是维持电磁学单位统一，保证量值准确传递的器具。电工测量中常用的度量器有标准电池、标准电阻、标准电容和标准电感等。

除以上三个主要方面外，测量过程中还必须建立测量设备所必需的工作条件；慎重地进行操作，认真记录测量数据；考虑测量条件的实际情况进行数据处理，以确定测量结果和测量误差。

2. 测量方式和测量方法的分类

（1）测量方式

1）直接测量

在测量过程中，能够直接将被测量与同类标准量进行比较，或能够直接用事先刻度好的测量仪器对被测量进行测量，从而直接获得被测量的数值的测量方式称为直接测量。例如，用电压表测量电压、用电度表测量电能以及用直流电桥测量电阻等都是直接测量。直接测量方式广泛应用于工程测量中。

2）间接测量

当被测量由于某种原因不能直接测量时，可以通过直接测量与被测量有一定函数关系的物理量，然后按函数关系计算出被测量的数值，这种间接获得测量结果的方式称为间接测量。例如，用伏安法测量电阻，是利用电压表和电流表分别测量出电阻两端的电压和通过该电阻的电流，然后根据欧姆定律 $R=U/I$ 计算出被测电阻 R 的阻值。间接测量方式广泛应用于科研、实验室及工程测量中。

（2）测量方法

在测量过程中，作为测量单位的度量器可以直接参与测量也可以间接参与测量。根据度量器参与测量过程的方式，可以把测量方法分为直读法和比较法。

① 直读法。用直接指示被测量大小的指示仪表进行测量，能够直接从仪表刻度盘上读取

被测量数值的测量方法，称为直读法。直读法测量时，度量器不直接参与测量过程，而是间接地参与测量过程。例如，用欧姆表测量电阻时，从指针在刻度尺上指示的刻度可以直接读出被测电阻的数值。这一读数被认为是可信的，因为欧姆表刻度尺的刻度事先用标准电阻进行了校验，标准电阻已将它的量值和单位传递给欧姆表，间接地参与了测量过程。直读法测量的过程简单，操作容易，读数迅速，但其测量的准确度不高。

② 比较法。将被测量与度量器在比较仪器中直接比较，从而获得被测量数值的方法称为比较法。例如，用天平测量物体质量时，作为质量度量器的砝码始终都直接参与了测量过程。在电工测量中，比较法具有很高的测量准确度，误差可以达到±0.001%，但测量时操作比较麻烦，相应的测量设备也比较昂贵。

根据被测量与度量器进行比较时的不同特点，又可将比较法分为零值法、较差法和替代法三种。

① 零值法。零值法又称平衡法，它是利用被测量对仪器的作用，与标准量对仪器的作用相互抵消，由指零仪表做出判断的方法。即当指零仪表指示为零时，表示两者的作用相等，仪器达到平衡状态；此时按一定的关系可计算出被测量的数值。显然，零值法测量的准确度主要取决度量器的准确度和指零仪表的灵敏度。

② 较差法。较差法是通过测量被测量与标准量的差值，或正比于该差值的量，根据标准量来确定被测量数值的方法。较差法可以达到较高的测量准确度。

③ 替代法。替代法是分别把被测量和标准量接入同一测量仪器，在标准量替代被测量时，调节标准量，使仪器的工作状态在替代前后保持一致，然后根据标准量来确定被测量的数值。用替代法测量时，由于替代前后仪器的工作状态是一样的，因此仪器本身性能和外界因素对替代前后的影响几乎是相同的，有效地克服了所有外界因素对测量结果的影响。替代法测量的准确度也取决于度量器的准确度和仪器的灵敏度。

3. 测量误差

在测量过程中，由于受到测量方法、测量设备、试验条件及观测经验等多方面因素的影响，测量结果不可能是被测量的真实数值，而只是它的近似值，即任何测量的结果与被测量的真实值之间总是存在着差别，这种差别称为测量误差。

根据产生测量误差的原因，可以将其分为系统误差、偶然误差和疏失误差三大类。

(1) 系统误差

能够保持恒定不变或按照一定规律变化的测量误差，称为系统误差。系统误差主要是由于测量设备、测量方法的不完善和测量条件的不稳定而引起的。由于系统误差表示了测量结果偏离其真实值的程度，即反映了测量结果的准确度，所以在误差理论中，经常用准确度来表示系统误差的大小。系统误差越小，测量结果的准确度就越高。

(2) 偶然误差

偶然误差又称随机误差，是一种大小和符号都不确定的误差，即在同一条件下对同一被测量重复测量时，各次测量结果服从某种统计分布。这种误差的处理，依据概率统计方法。产生偶然误差的原因很多，如温度、磁场、电源频率等偶然变化都可能引起这种误差。另外，因观测者本身感官分辨能力有限，也会导致偶然误差。偶然误差反映了测量的精密度，偶然误差越小，精密度就越高，反之则精密度越低。

系统误差和偶然误差是两类性质不同的误差。系统误差反映在一定条件下误差出现的必然性；而偶然则反映在一定条件下误差出现的可能性。

(3) 疏失误差

疏失误差是测量过程中操作、读数、记录和计算等方面的错误所引起的误差。显然，凡是含有疏失误差的测量结果都是应该摒弃的。

4. 测量误差的消除方法

测量误差是不可能绝对消除的，但要尽可能减小误差对测量结果的影响，使其减小到允许的范围内。消除测量误差，应根据误差的来源和性质，采取相应的措施和方法。必须指出，一个测量结果中既存在系统误差，又存在偶然误差，要截然区分两者是不容易的。所以应根据测量的要求和两者对测量结果的影响程度，选择消除方法。一般情况下，在对精密度要求不高的工程测量中，主要考虑消除系统误差；而在科研、计量等对测量准确度和精密度要求较高的测量中，必须同时考虑消除上述两种误差。

① 系统误差的消除方法是对测量仪表进行校正。在准确度要求较高的测量结果中，引入校正值进行修正。

② 消除产生误差的根源。即正确选择测量方法和测量仪器，尽量使测量仪表在规定的使用条件下工作，消除各种外界因素造成的影响。

③ 采用特殊的测量方法。如正负误差补偿法、替代法等。例如，用电流表测量电流时，考虑到外磁场对读数的影响，可以把电流表转动 180°，进行两次测量。在两次测量中，必然出现一次读数偏大，而另一次读数偏小，取两次读数的平均值作为测量结果，其正负误差抵消，可以有效地消除外磁场对测量的影响。

④ 消除偶然误差可采用在同一条件下，对被测量进行足够多次的重复测量，取其平均值作为测量结果的方法。根据统计学原理可知，在足够多次的重复测量中，正误差和负误差出现的可能性几乎相同，因此偶然误差的平均值几乎为零。所以，在测量仪器仪表选定以后，测量次数是保证测量精密度的前提。

5. 测量误差表示方法

测量误差通常用绝对误差和相对误差表示。

(1) 绝对误差

测量结果的数值与被测量的真实值的差值称为绝对误差。由于被测量的真实值往往是很难确定的，所以实际测量中，通常用标准表的指示值或多次测量的平均值作为被测量的真实值。

(2) 相对误差

测量的绝对误差与被测量真实值之比，称为相对误差。实际测量中通常用标准表的指示值或多次重复测量的平均值作为被测量的真实值，即

$$E_r=\frac{\Delta x}{\bar{x}}$$

或用百分误差表示为

$$E_r = \frac{\Delta x}{\bar{x}} \times 100\%$$

百分误差也称为相对误差。显然，相对误差越小准确度越高。

四、记录作业

1. 填空题

① 进入实训室后，应该服从__________安排，进入指定工位，未经同意，不得__________。

② 实训室内的任何电气设备，未经验电，一般视为__________，不准__________，任何接、拆线都必须__________后方可进行。

③ 爱护实训工具、仪表、电气设备和公共财物，不得在室内__________、__________、__________，不得__________有关电气设备。

④ 常用电工工具有__________、__________、__________、__________、__________和__________。

⑤ 为减小测量误差，应让电流表的内阻尽量__________，电压表的内阻尽可能__________。

⑥ 仪表的准确度越高，测量结果就越__________。

2. 实操题

① 说出本校电工实训室安全操作规程的内容。

② 在实训台插座开关断开或者闭合的情况下，试着正确使用验电笔检查一下插座是否有电。

知识二 安全用电常识

一、电气安全基础知识

1. 电流对人体的作用

接触低压带电体或接近、接触高压带电体称为触电。人体触电时，电流通过人体，就会产生伤害，按伤害程度不同可分为电击和电伤两种。

电击是指人体接触带电体后，电流使人体的内部器官受到伤害。触电时肌肉发生收缩，如果触电者不能迅速摆脱带电体，电流将持续通过人体，最后因神经系统受到损害，使心脏和呼吸器官停止工作而趋于死亡。这是最危险的触电事故，是造成触电死亡的主要原因，也是经常遇到的一种伤害。

电伤是指电对人体外部造成的局部伤害，如电弧灼伤、电烙印、熔化的金属沫溅入皮肤造成伤害等，电伤严重时亦可致命。

2. 安全电压

人体触电的伤害程度与通过人体的电流大小、频率、时间长短、触电部位及触电者的生理素质等情况有关。通常低频电流对人体的伤害甚于高频电流，电流通过心脏和中枢神经系统最为危险。当通过人体（心脏）的电流大小为 1 mA 时，就会引起人的感觉，电流称为感知电流；若电流大小达到 50 mA 以上，人就会有生命危险；而电流大小达到 100 mA 时，只要很短时间就足以致命。触电时间越长，伤害就越大。

人体电阻通常在 1～100 kΩ 之间，在人体潮湿如出汗的情况下会降至 800 Ω 左右。接触

36 V 以下电压时，通过人体电流一般不超过 50 mA，故我国规定安全电压等级分别为 36 V、24 V、12 V。通常将安全电压规定为 36 V；但在潮湿及地面能导电的厂房，安全电压则规定为 24 V；在环境不十分恶劣的条件下，安全电压规定为 12 V；在潮湿、多导电尘埃、金属容器内等工作环境时，安全电压规定为 6 V。

3. 常见触电方式

常见的触电方式有单相触电、两相触电、接触电压与跨步电压触电等方式。

（1）单相触电

在低压电力系统中，若人站在地上接触到一根火线，即为单相触电或称单线触电。此时电流自相线经人体、大地、接地极、中性线形成回路，单相触电示意图如图 1-16 所示。人体接触漏电的设备外壳，也属于单相触电。

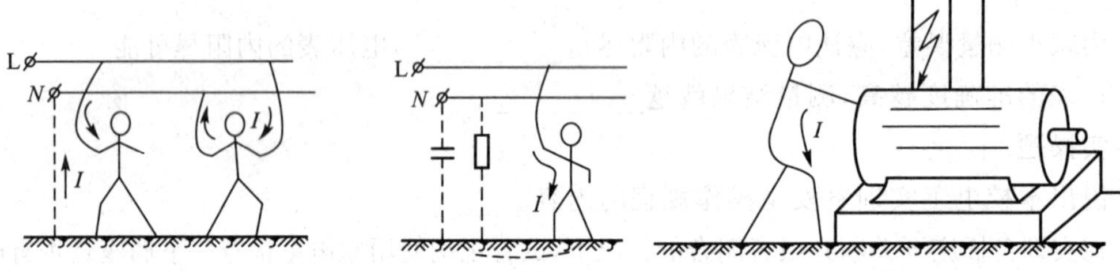

图 1-16　单相触电示意图

（2）两相触电

人体不同部位同时接触两相电源带电体而引起的触电叫两相触电，两相触电示意图如图 1-17所示。此时人体承受的电压是线电压，电压在低压动力线路中为 380 V。此时通过人体的电流较大，而且电流的大部分流经心脏，所以比单线触电更危险。

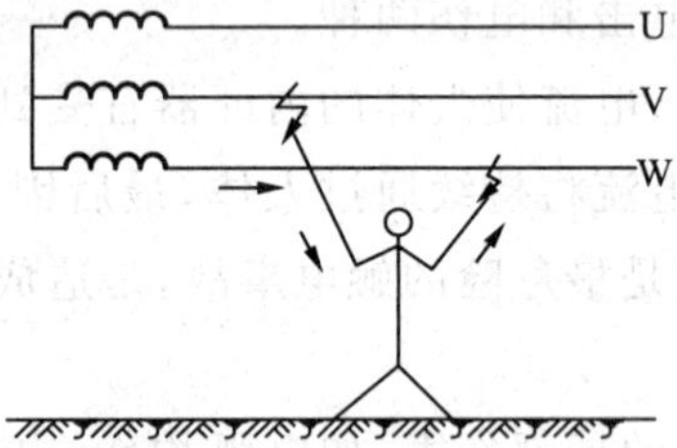

图 1-17　两相触电示意图

（3）接触电压与跨步电压触电

当外壳接地的电气设备绝缘损坏而使外壳带电，或导线断落发生单相接地故障时，电流由设备外壳经接地线、接地体（或由断落导线经接地点）流入大地，向四周扩散，在导线接地点及周围形成强电场。人离中心区域越近，跨步电压也越大，单脚跳跃或滚动迅速远离故障区域，处在电场中的所有金属器件都将带电，接触电压与跨步电压触电示意如图 1-18 所示。

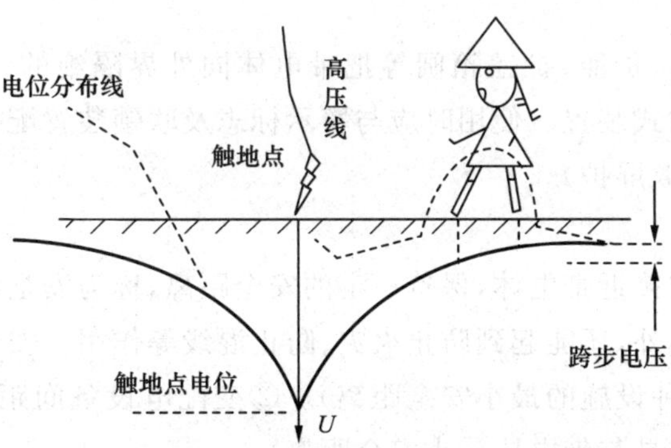

图 1-18　接触电压及跨步电压触电

接触电压是人站在地上触及设备外壳,所承受的电压。跨步电压是人站立在设备附近地面上,两脚之间所承受的电压。

4. 常见触电原因

触电原因很多,一般有以下原因:

① 违章作业,不遵守有关安全操作规程和电气设备安装及检修规程等规章制度;

② 误接触到裸露的带电导体;

③ 接触到因接地线断路而使金属外壳带电的电气设备;

④ 偶然性事故,如电线断落触及人体等。

二、触电预防及急救

安全用电的基本方针是“安全第一,预防为主”。为使人身不受伤害,电气设备能正常运行,必须采取必要的各种安全措施,严格遵守电工基本操作规程,电气设备采用保护接地或保护接零的方法,防止因电气事故引起的火灾发生。

1. 触电的预防措施

在预防触电方面,具体做法有绝缘法,屏护法,安全距离法,安全电压法,装设漏电保护装置,接地、接零法,防零措施,防静电措施等。另外合理选用导线和熔丝也很重要,各种导线和熔丝的额定电流值可以从手册中查得。在选用导线时应使其载流能力大于实际输电电流。熔丝额定电流应与最大实际输电电流相符,切不可用导线或铜丝代替熔丝。

(1) 绝缘法

良好的绝缘是保证电气设备和线路正常运行的必要条件,绝缘电阻是电气设备和电气线路最基本的绝缘指标。对于低压电气装置的交接试验,常温下电动机、配电设备和配电线路的绝缘电阻不应低于 0.5 MΩ(对于运行中的设备和线路,绝缘电阻不应低于 1 MΩ/kV)。低压电器及其连接电缆和二次回路的绝缘电阻一般不应低于 1 MΩ;在比较潮湿的环境下不应低于 0.5 MΩ;二次回路小母线的绝缘电阻不应低于 10 MΩ。Ⅰ类手持电动工具的绝缘电阻不应低于 2 MΩ。常用的绝缘材料有陶瓷、橡胶、塑料、云母、玻璃、木材、布、纸、矿物油,以及某些高分子合成材料等。加强绝缘就是采用双重绝缘或另加总体绝缘,保护绝缘体,防止通常绝缘损坏后的触电,可用于电力电缆等。

(2) 屏护法

屏护法就是采用遮拦、护照、护盖箱闸等把带电体同外界隔绝的一种方法。分为有永久性、临时性、固定式与移动式装置。使用时应与警示标志及联锁装置配合使用(注意:高压设备不论是否有绝缘,均应采取屏护)。

(3) 安全距离法

为了防止人体触及或接近带电体,保持一定的安全距离,称为安全距离。安全距离除用防止触及或过分接近带电体外,还能起到防止火灾、防止混线等作用。安全距离分为①线路的安全距离(线路与地面和各种设施的最小安全距离)。②变配电设备间距。③检修安全距离(低压工作时人体或其携带工具与带电体最小安全距离)。

(4) 安全电压法

国际电工委员会(IEC)规定的接触电压限值(相当于安全电压)为 50 V、并规定 25 V 以下不需考虑防止电击的安全措施;我国规定工频电压有效限值为 50 V,直流电压的限值为 120 V。潮湿环境中工频电压有效值限值为 25 V,直流电压限值为 60 V;我国规定工频有效值 42 V、36 V、24 V、12 V 和 6 V 为安全电压额定值,具体细则如下:

① 喷镀涂作业或粉尘环境应使用手提照明灯时应采用 36 V 或以下安全电压;

② 电击危险环境中手持和局部照明灯采用 36 V 或 24 V 安全电压;

③ 金属容器、隧道、潮湿环境中手持照明灯采用 12 V 安全电压;

④ 水下作业应采用 6 V 安全电压。

(5) 装设漏电保护装置

漏电保护装置是为了保证在故障情况下人身和设备的安全一种措施。漏电保护器是利用漏电时线路上的电压或电流异常,自动切断故障部分的电源。

(6) 接地、接零法

接地是指电气装置或电气线路带电部分的某点与大地连接,电气装置或其他装置正常时不带电部分某点与大地的人为连接如图 1-19(a)所示。

❖ 工作接地是为了保证电力系统正常运行而设置的接地,如三相四线制低压配电系统中的电源中性点接地。

❖ 安全接地的目的在于保障人身与设备的安全,其中包括防止触电的保护接地、防雷接地、防静电接地及屏蔽接地等。

注意:由于绝缘破坏或其他原因而可能呈现危险电压的金属部分,都应采取保护接地措施。如电机、变压器、开关设备、照明器具及其他电气设备的金属外壳都应予以接地。一般低压系统中,保护接电电阻值应小于 4 Ω。接零保护就是把电气设备在正常情况下不带电的金属部分与电网的零线紧密地连接起来,如图 1-19(b)所示。应当注意的是,在三相四线制的电力系统中,通常是把电气设备的金属外壳同时接地、接零,这就是所谓的重复接地保护措施,但还应该注意,零线回路中不允许装设熔断器和开关。

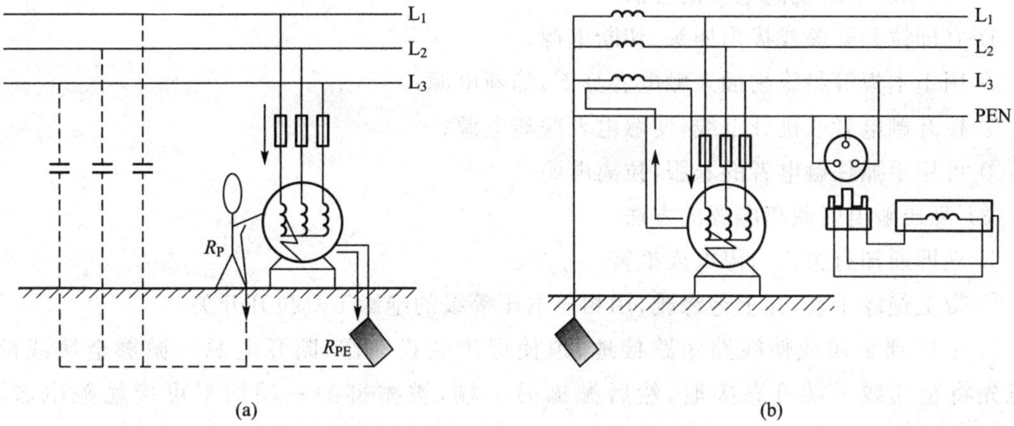

图 1-19　保护接地原理及保护接零原理

(7) 防雷措施

防雷设备分为避雷针、避雷线、避雷网、避雷带。避雷针主要用来保护露天变配电设备、建筑物和构筑物;避雷线主要用来保护电力线路;避雷网和避雷带主要用来保护建筑物;避雷器主要用来保护设备。完整的防雷措施还包含接闪器、引下线和接地装置。

【小知识】　雷雨天气个人如何防雷?

❖ 不宜停留在空旷地带、山顶、山脊或建(构)筑物顶部;

❖ 不宜停留在铁栅栏、金属晒衣绳、架空金属体以及铁路轨道附近;

❖ 不宜停留在游泳池、湖泊、海滨或孤立的树下;

❖ 紧闭门窗,防止侧击雷和球雷侵入;

❖ 不宜使用淋浴器。

(8) 防静电措施

❖ 使用防静电地面/ 防静电鞋袜(防止静电从脚导到大地);

❖ 佩戴防静电腕带并接地(防止静电从手导到大地)。

通过手泄放人体的静电。它由防静电松紧带、活动按扣、弹簧软线、保护电阻及插头或夹头组成。松紧带的内层用防静电纱线编织,外层用普通纱线编织。

2. 触电急救

电流通过人体的心脏、肺部和中枢神经系统时的危险性比较大,特别是电流通过心脏时,危险性最大。

(1) 触电时的紧急抢救步骤

① 立即切断电源,尽快使伤者脱离电源;

② 轻者神志清醒,但会感到心慌、乏力、四肢麻木,应就地休息 1~2 h,以免加重心脏负担,招致危险;

③ 心跳、呼吸停止者,应立即进行口对口人工呼吸和胸外心脏按压,并且要注意伤者可能出现的假死状态,如无确切死亡证据不要放弃积极的抢救;

④ 经过紧急抢救后迅速送往医院。

（2）低压触电时脱离电源的方法

① 立即拉开开关或拔出插头，切断电源；

② 用干木板等绝缘物插入触电者身下，隔断电源；

③ 拉开触电者或挑开电线，使触电者脱离电源；

④ 可用手抓住触电者的衣服，拉离电源。

（3）高压触电时脱离电源的方法

① 立即通知有关部门停电或报警。

② 带上绝缘手套，穿上绝缘靴，用相应电压等级的绝缘工具拉开开关。

③ 抛掷裸金属线使线路短路接地，迫使保护装置动作，断开电源。抛掷金属线前，应注意先将金属线一端可靠接地，然后抛掷另一端，被抛掷的一端切不可接触触电者和其他人。

（4）心肺复苏法

一旦发生触电，要快速判断触电者心搏呼吸是否骤停，主要有三大指标判断：突然倒地或意识丧失、自主呼吸停止、颈动脉搏动消失。判断的过程速度要快，一般在十秒内完成，触电急救快速判断方法按图 1-20 所示三个步骤来完成。

判断意识　　呼救　　将患者放仰卧位置

图 1-20　触电急救快速判断方法

心肺复苏法步骤：畅通气道、胸外按压、人工呼吸。只对停止呼吸的触电者使用。具体操作步骤如下：

① 先使触电者仰卧，解开衣领、围巾、紧身衣服等，除去口腔中的黏液、血液、食物、假牙等杂物。

② 将触电者头部尽量后仰，鼻孔朝天，颈部伸直。救护人一只手捏紧触电者的鼻孔，另一只手掰开触电者的嘴巴。救护人深吸气后，紧贴着触电者的嘴巴大口吹气，使其胸部膨胀。之后救护人换气，放松触电者的嘴鼻，使其自动呼气。如此反复进行，吹气两秒，放松三秒，大约五秒钟一个循环。

③ 吹气时要捏紧鼻孔，紧贴嘴巴，不漏气，放松时应能使触电者自动呼气。口对口人工呼吸法操作示意如图 1-21 所示。

④ 如触电者牙关紧闭，无法撬开，可采取口对鼻吹气的方法。

⑤ 对体弱者和儿童吹气时用力应稍轻，以免肺泡破裂。

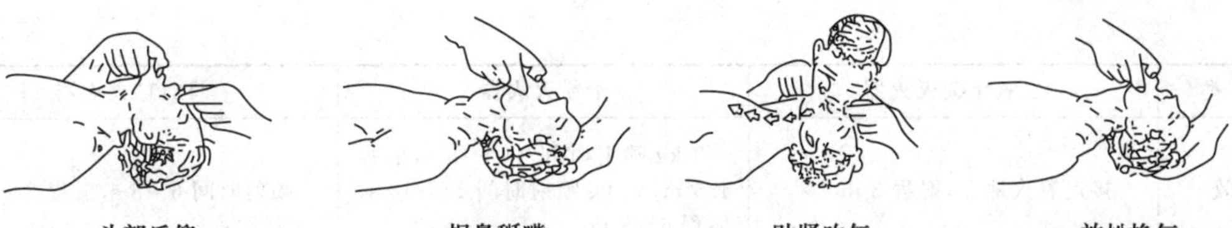
头部后仰
捏鼻掰嘴
贴紧吹气
放松换气

图 1-21　口对口人工呼吸法

胸外心脏挤压法(适用于有呼吸但无心跳的触电者)步骤如图 1-22 所示。病人仰卧硬地上,松开领扣解衣裳。当胸放掌不鲁莽,中指应该对凹膛。掌根用力向下按,压下一寸至半寸。压力轻重要适当,过分用力会压伤。慢慢压下突然放,一秒一次最恰当。

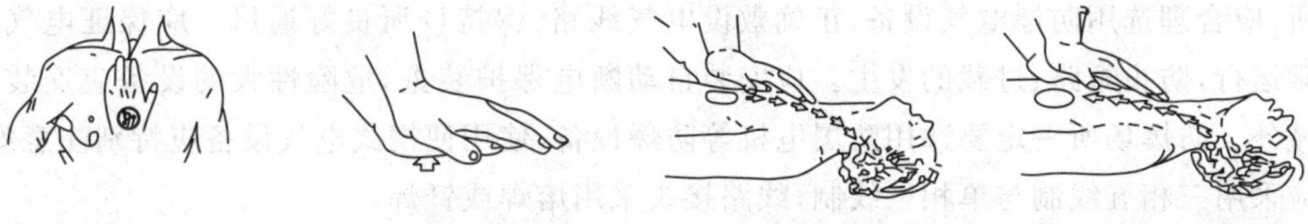
中指对凹膛
掌根向下压
慢压帮呼吸
提掌助吸气

图 1-22　胸外心脏挤压法步骤

三、电气火灾的防范与扑救常识

1. 电气防火

(1) 电气火灾产生的原因

几乎所有的电气故障都可能导致电气着火。如设备材料选择不当,过载、短路或漏电,照明及电热设备故障,熔断器的烧断、接触不良,以及雷击、静电等,都可能引起高温、高热或者产生电弧、放电火花,从而引发火灾事故。

(2) 电气火灾的预防和紧急处理

① 预防方法。应按场所的危险等级正确地选择、安装、使用和维护电气设备及电气线路,按规定正确采用各种保护措施。在线路设计上,应充分考虑负载容量及合理的过载能力;在用电上,应禁止过度超载及乱接乱搭电源线;对需在监护下使用的电气设备,应“人去停用”;对易引起火灾的场所,应注意配置防火器材。

② 电气火灾的紧急处理。首先应切断电源,同时拨打火警电话报警。不能用水或普通灭火器(如泡沫灭火器)灭火。应使用干粉二氧化碳或“1211”等灭火器灭火,也可用干燥的黄沙灭火。常用电气灭火器主要性能及使用方法见表 1-1。

表 1-1　常用电气灭火器主要性能及使用方法

种　类	二氧化碳灭火器	干粉灭火器	“1211”灭火器
规格	2 kg、2～3 kg、5～7 kg	8 kg、50 kg	1 kg、2 kg、3 kg
药剂	瓶内装有液态二氧化碳	筒内装有钾或钠盐干粉,并备有盛装压缩空气的小钢瓶	筒内装有二氟—氯—溴甲烷,并充填压缩氮
用途	不导电。可扑救电气、精密仪器、油类、酸类火灾。不能用于钾、钠、镁、铝等物质火灾	不导电。可扑救电气、石油(产品)、油漆、有机溶剂、天然气等火灾	不导电。可扑救电气、油类、化工化纤原料等初起火灾

续表

种　类	二氧化碳灭火器	干粉灭火器	“1211”灭火器
功效	接近着火地点，射程 3 m	8 kg 喷射时间 14～18 s，射程 4.5 m；50 kg 喷射时间 14～18 s，射程 6～8 m	喷射时间 6～8 s，射程 2～3 m
使用方法	一手拿喇叭筒对准火源，另一手打开开关	提起圈环，干粉即可喷出	拔下铅封或横锁，用力压下压把

2. 电气防爆

由电引起的爆炸主要发生在含有易燃易爆气体和粉尘的场所。在有易燃易爆气体和粉尘的场所，应合理选用防爆电气设备，正确敷设电气线路，保持场所良好通风。应保证电气设备的正常运行，防止短路、过载的发生。应安装自动断电保护装置，危险性大的设备应安装在危险区域外。防爆场所一定要选用防爆电机等防爆设备，使用便携式电气设备应特别注意安全。电源应采用三相五线制与单相三线制，线路接头采用熔焊或钎焊。

四、记录作业

1. 填空题

① 生活中不高于__________V 的电压属于安全电压。

② 按照人体接触带电体的方式和电流通过人体的途径，触电可分为__________、__________和__________三种方式。

③ 电流对人体的伤害程度与__________、__________、__________及__________等多种因素有关。

④ 我国采用颜色标志的含义基本上与国家安全色标准相同，如果含义是禁止、停止、消防。它的色标是__________。

⑤ 一旦发生电气火灾，首先应该__________，然后再进行灭火。

⑥ 带电灭火的时候，应该注意救火人员与带电体之间要保持足够的__________，并使用__________灭火，如__________、__________和__________。

2. 实操题

① 产生电气火灾的一般原因有哪些？

② 如何扑灭电气火灾？

③ 说出口对口人工呼吸法救治的口诀。

知识三　常用的电工材料

一、导电材料

1. 铜和铝

铜的导电性能良好，电阻率为 $1.724\times10^{-8}\ \Omega\cdot m$，其在常温下具有足够的机械强度，延展性能良好，化学性能稳定，故便于加工，不易氧化和腐蚀，易焊接。常用导电用铜是含铜量在

99.9%以上的工业纯铜。电机、变压器上使用的是含铜量在99.50%～99.95%之间的纯铜，俗称紫铜。紫铜中硬铜做导电零部件，软铜做电机、电器等的线圈。杂质、冷形变、温度和耐蚀性等是影响铜性能的主要因素。铝的导热性及耐蚀性好，易于加工，但其导电性能、机械强度均稍逊于铜，铝的电阻率为$2.864\times10^{-8}\ \Omega\cdot m$。铝的密度比铜小（仅为铜的33%），因此导电性能相同的两根导线相比较，铝导线的截面积虽比铜导线大，但重量反而比铜导线减轻了许多。而且铝的资源丰富、价格低廉，是目前推广使用的导电材料。目前，架空线路、照明线路、动力线路、汇流排、变压器和中小型电机的线圈都已广泛使用铝线。唯一不足是铝的焊接工艺比较复杂，质硬塑性差，因而在维修电工中广泛应用的仍是铜导线。与铜一样，影响铝性能的主要因素有杂质、冷形变、温度和耐蚀性等。

2. 电线与电缆

电线电缆一般由线芯、绝缘层、保护层3部分构成。电线电缆的品种很多，按照性能、结构、制造工艺及使用特点，分为裸导线和裸导体制品、电磁线、电气装备用电线电缆、电力电缆和通信电线电缆5类。机修电工常用的是前3类。

(1) 裸导线和裸导体制品

主要有圆线、软接线、型线、裸绞线等，具体又包括以下类型：

- 圆线
  - 硬圆铜线（TY）
  - 软圆铜线（TR）
  - 硬圆铝线（LY）
  - 软圆铝线（LR）
- 软接线
  - 裸铜电刷线（TS）
  - 软裸铜纺织线（TRZ）
  - 软铜编织蓄电池线（QC）
- 型线
  - 扁线（TBY，TBR、LBY、LBR）
  - 铜带（TDY、TDR）
  - 铜排（TPT）
- 裸绞线
  - 铝绞线（LJ）
  - 铝包钢绞线（JLB）
  - 钢芯铝绞线（LGJ）
  - 防腐钢芯铝绞线（LGJ F）

(2) 电磁线

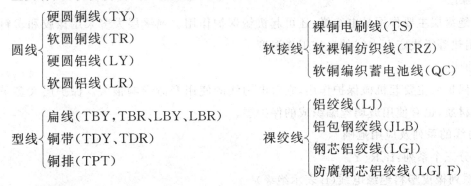

常用的电磁线有漆包线和绕包线两类。电磁线多用在电机或电工仪表等电器线圈中，为减小绕组的体积，电磁线绝缘层很薄。电磁线的选用一般应考虑耐热性、电性能、相容性、环境条件等因素。

① 漆包线。漆包线以绝缘层为漆膜，用于中小型电机及微电机等之上。常用的有缩醛漆包线、聚酯漆包线、聚酯亚胺漆包线、聚酰胺漆包线和聚酰亚胺漆包线等5类。

② 绕包线。绕包线用玻璃丝、绝缘纸或合成树脂薄膜等作绝缘层，紧密绕包在导线上制成。也有在漆包线上再绕包绝缘层的。除薄膜绝缘层外，其他的绝缘层均需经胶黏绝缘浸渍处理，一般用于大中型电工产品。绕包线一般分为纸包线、薄膜绕包线、玻璃丝包线及玻璃丝包漆包线4类。

(3) 电气装备用电线电缆

电气装备用电线电缆基本是由铜或铝制线芯、塑料（橡胶）绝缘层及护层三部分组成。电气装备用电线电缆包括电气设备内部及外部的各种安装连接用电线电缆、低压电力配电系统用的绝缘电线、信号控制系统用的电线电缆等。常用的电气装备用电线电缆，通常称为电力线。

3. 电热材料

电热材料是用来制造各种电阻加热设备中的发热元件的。电热材料电阻率高、加工性能好、机械强度高和具有良好的抗氧化性能，能长期在高温状态下工作。如镍铬合金、铁铬铝合金等都是电热材料。

4. 电碳制品

在电机中用的电刷是用石墨粉末或石墨粉末与金属粉末混合压制而成的。按材质可分为石墨电刷(S)、电化石墨电刷(D)、金属石墨电刷(J)3类。选用电刷时主要考虑：接触电压降、摩擦系数、电流密度、圆周速度及施加于电刷上的单位压力等条件。其他电碳制品还有碳滑板和滑块、碳和石墨触头、各种电极碳棒、通信用送话器碳砂等。

二、电力线及其选用

1. 电力线的组成

(1) 线芯

电力线线芯有铜芯和铝芯2种，固定敷设的电力线一般采用铝芯线，移动使用的电力线主要采用铜芯线。线芯按根数多少可分为单芯和多芯，多芯的根数最多可达几千根。

(2) 绝缘层

电力线绝缘层主要作用是电绝缘，还可起机械保护作用。绝缘层大多采用橡胶和塑料材质，绝缘层耐热等级决定电力线的允许工作温度。

(3) 保护层

电力线保护层主要起机械保护作用，它对电力线的使用寿命影响很大。保护层大多采用橡胶和塑料材质，也有使用玻璃丝编织成的保护层。

2. 电力线的系列及应用范围

电力线分三个系列：B、R、Y。

(1) B系列橡皮塑料绝缘电线(B表示绝缘)

B系列橡皮塑料绝缘电线结构简单、重量轻、价格较低。它多用作各种动力、配电和照明电路及大中型电气设备的安装线。B系列橡皮塑料绝缘电线交流工作电压为500 V，直流工作电压为1 000 V。常用的B系列橡皮塑料绝缘电线品种见表1-2。

表1-2　常用B系列橡皮塑料绝缘电线品种

产品名称	型号		长期最高工作温度/℃	用途或使用条件
	铜芯	铝芯		
橡皮绝缘电线	BX	BLX	65	固定敷设于室内(明敷、暗敷或穿管)，也可用于室外，或作设备内部安装用线
氯丁橡皮绝缘电线	BXF	BLXF	65	同BX型。耐气候性好，适用于室外
橡皮绝缘软导线	BXR	—	65	同BX型。仅用于安装时要求柔软的场合
橡皮绝缘和护套电线	BXHF	BLXHF	65	同BX型。适用于较潮湿的场合和作为室外进户线
聚氯乙烯绝缘电线	BV	BLV	65	同BX型。但耐湿性和耐气候性较好

续表

产品名称	型号		长期最高工作温度/℃	用途或使用条件
	铜芯	铝芯		
聚氯乙烯绝缘软电线	BVR	—	65	同 BV 型。仅用于安装时要求柔软的场合
聚氯乙烯绝缘和护套电线	BVVB	BLVV	65	同 BV 型。用于潮湿和机械防护要求较高场合,可直埋土壤中
耐热聚氯乙烯绝缘电线	BV-105	—	105	同 BV 型。用于 45 ℃及以上的高温环境中
耐热聚氯乙烯绝缘软电线	BVR-105	—	105	同 BVR 型。用于 45 ℃及以上的高温环境中

(2) R 系列橡皮塑料软电线(R 表示软线)

R 系列橡皮塑料软电线的线芯是由多根细铜线绞合而成,它除具备 B 系列橡皮塑料绝缘电线的特点外,其线体比较柔软,有较好的移动使用性。该线大量用作日用电气、仪器仪表的电源线,小型电气设备和仪器仪表的内部安装线,以及照明线路中的灯头、管线等。R 系列橡皮塑料软电线交流工作电压同样为 500 V,直流工作电压为 1 000 V,常用 R 系列橡皮塑料软线品种见表 1-3。

表 1-3 常用 R 系列橡皮塑料软线品种

产品名称	型号	工作电压/V	长期最高工作温度/℃	用途或使用条件
聚氯乙烯绝缘软线	RV RVB RVS	交流 250 直流 500	65	供各种移动电器、仪表电信设备、自动化装置接线用,也可用作内部安装线,安装时环境温度不低于－15 ℃
耐热聚氯乙烯绝缘软线	RV-105	交流 250 直流 500	105	同 RV 型。用于 45 ℃及以上的高温环境中
聚氯乙烯绝缘和护套软线	RVV	交流 250 直流 500	65	同 RV 型。用于潮湿和机械防护要求较高及经常移动弯曲的场合
丁腈聚氯乙烯复合物绝缘软线	RFB RFS	交流 250 直流 500	70	同 RVB、RVS 型。用于低温条件柔软性较好
棉纱编织橡皮绝缘双绞软线、棉纱编织橡皮绝缘软线	RXS RX	交流 250 直流 500	65	用于室内日用电器,照明用电源线
棉纱编织橡皮绝缘平型软线	RXB	交流 250 直流 500	65	用于室内日用电器,照明用电源线

注:B——两芯平型;S——两芯绞型;F——复合物绝缘

(3) Y 系列通用橡套电缆(Y 表示移动电缆)

Y 系列通用橡套电缆以硫化橡胶作绝缘层,以非燃氯丁胶作护套,具有抗砸、抗拉和能承受较大的机械应力等优点,同时还具有很好的移动使用性。适合在一般场合下用作各种电气设备、电动工具仪器和照明电器等的移动式电源线,长期最高工作温度为 65 ℃。常用 Y 系列通用橡套电缆品种如表 1-4 所示。

表 1-4　常用 Y 系列通用橡套电缆品种

产品名称	型　号	交流工作电压/V	特点或用途
轻型橡套电缆	YQ	250	用作轻型移动电气设备和日用电器的电源线
	YQW		同 YQ 型。具有耐气候性能和一定的耐油性能
中型橡套电缆	YZ	500	用作各种移动电气设备和农用机械的电源线
	YZW		同 YZ 型。具有耐气候性能和一定的耐油性能
重型橡套电缆	YC	500	同 YZ 型。能承受较大的机械外力作用
	YCW		同 YC 型。具有耐气候性能和一定的耐油性能

注：Q—轻型；W—户外型；Z—中型；C—重型

仅了解电力线的系列和应用范围，是无法做到准确选用导线的。要准确选用导线，首先通过负载的大小，得出负载电流值；然后根据应用范围选出电力线的系列；最后由电力线的安全载流量表，获得电力线的规格。

3. 电力线的安全载流量

电力线的安全载流量以列表的方式列出，见表 1-5 至表 1-8，使用时查对即可。

表 1-5　塑料绝缘线安全载流量　　单位：A

导线截面积/mm²	芯线股数/(单股直径)/mm	明线安装		穿钢管(一管)安装						穿塑料管(一管)安装					
				二线		三线		四线		二线		三线		四线	
		铜	铝	铜	铝	铜	铝	铜	铝	铜	铝	铜	铝	铜	铝
1.0	1/1.13	17	—	12	—	11	—	10	—	10	—	10	—	9	—
1.5	1/1.37	21	16	17	13	15	11	14	10	14	11	13	10	11	9
2.5	1/1.76	28	22	23	17	21	16	19	13	21	16	18	14	17	12
4	1/2.24	35	28	30	23	27	21	24	19	27	21	24	19	22	17
6	1/2.73	48	37	41	30	36	28	32	24	36	27	31	23	28	22
10	7/1.33	65	51	56	42	49	38	43	33	49	36	42	33	38	29
16	7/1.70	91	69	71	55	64	49	56	43	62	48	56	42	49	38
25	7/2.12	120	91	93	70	82	61	74	57	82	63	74	56	65	50
35	7/2.50	147	113	115	87	100	78	91	70	104	78	91	69	81	61
50	19/1.83	187	143	143	108	127	96	113	87	130	99	114	88	102	78
70	19/2.14	230	178	178	135	159	124	143	110	160	126	145	113	128	100
95	19/2.50	282	216	216	165	195	148	173	132	199	151	178	137	160	121

表 1-5 中所列安全载流量是根据线芯最高允许温度为 65 ℃，周围空气温度为 35 ℃而定的。空气实际温度超过 35 ℃的地区（指当地最热月份的平均最高温度），导线的安全载流量应乘以表 1-6中所列的温度矫正系数。表 1-7、表 1-8 中的安全载流量也都应该考虑矫正系数。

表 1-6　绝缘线安全载流量的温度矫正系数

环境最高平均温度/℃	35	40	45	50	55
矫正系数	1.0	0.91	0.82	0.71	0.58

表 1-7　橡皮绝缘线安全载流量　　单位:A

导线截面积/mm²	芯线股数/(单股直径/mm)	明线安装		穿钢管(一管)安装						穿塑料管(一管)安装					
				二线		三线		四线		二线		三线		四线	
		铜	铝	铜	铝	铜	铝	铜	铝	铜	铝	铜	铝	铜	铝
1.0	1/1.13	18	—	13	—	12	—	10	—	11	—	10	—	10	—
1.5	1/1.37	23	16	17	13	16	12	15	10	15	12	14	11	12	10
2.5	1/1.76	30	24	24	18	22	17	20	14	22	17	19	15	17	13
4	1/2.24	32	30	32	24	29	22	26	20	29	22	26	20	23	17
6	1/2.73	50	39	43	33	37	28	34	26	37	29	33	25	30	23
10	7/1.33	74	57	59	45	52	40	46	34.5	51	38	45	35	39	30
16	7/1.70	95	74	75	57	67	51	60	45	66	50	59	45	52	40
25	7/2.12	126	96	98	75	87	66	78	59	87	67	78	59	69	52
35	7/2.50	156	120	121	92	106	82	95	72	109	83	96	73	85	64
50	19/1.83	200	152	151	115	134	102	119	91	139	104	121	94	107	82
70	19/2.14	247	191	186	143	167	130	150	115	169	133	152	117	135	104
95	19/2.50	300	230	225	174	203	156	182	139	208	160	186	143	169	130
120	37/2.00	346	268	260	200	233	182	212	165	242	182	217	165	197	147
150	37/2.24	407	312	294	226	268	208	243	191	277	217	252	197	230	178
185	37/2.50	468	365	—	—	—	—	—	—	—	—	—	—	—	—
240	61/2.24	570	442	—	—	—	—	—	—	—	—	—	—	—	—
300	61/2.50	668	520	—	—	—	—	—	—	—	—	—	—	—	—
400	61/2.85	815	632	—	—	—	—	—	—	—	—	—	—	—	—
500	91/2.62	950	738	—	—	—	—	—	—	—	—	—	—	—	—

表 1-8　护套线和软导线安全载流量　　单位:A

导线截面积/mm²	护套线								软导线(芯线)		
	双根芯线				三根或四根芯线				单根	双根	双根
	塑料绝缘		橡皮绝缘		塑料绝缘		橡皮绝缘		塑料绝缘		橡皮绝缘
	铜	铝	铜	铝	铜	铝	铜	铝	铜	铜	铜
0.5	7	—	7	—	4	—	4	—	8	7	7
0.8	—	—	—	—	—	—	—	—	13	10.5	9.5
0.8	11	—	10	—	9	—	9	—	14	11	10
1.0	13	—	11	—	9.6	—	10	—	17	13	11
1.5	17	13	14	12	10	8	10	8	21	17	14
2.0	19	—	17	—	13	—	12	12	25	18	17
2.5	23	17	18	14	17	14	16	16	29	21	18
4.0	30	23	28	21	18	19	21	—	—	—	—
6.0	37	29	—	27	28	22	—	—	—	—	—

4. 电力线的选用

先要根据用途选定导线的系列及型号,再由负载的性质及大小来确定负载的电流值,最后选定导线的规格。具体有以下一般原则。

(1) 按使用的环境和敷设的方法选择导线的类型

① 塑料绝缘线。绝缘性能良好，价格低廉，但不耐高温、易老化，明敷或穿管均可，不适于在户外敷设。

② 橡胶绝缘线。绝缘性能良好、耐油性较差，可在一般环境中使用，多在户外或穿管敷设。

③ 氯丁橡皮绝缘线。耐油性好、不易燃、不易发霉、耐气候性好，可在户外敷设。

④ 裸电线。结构简单、价格便宜、安装和维修方便，架空敷设对应选用裸绞线，并以铝绞线和钢芯铝绞线为宜。

(2) 按机械强度要求选择导线(线芯)的最小允许截面积(见表 1-9)。

表 1-9 机械强度要求的导线最小允许截面积

<table>
<tr><th colspan="3" rowspan="2">用途</th><th colspan="3">线芯最小截面积/mm²</th></tr>
<tr><th>铜芯软线</th><th>铜芯硬线</th><th>铝线</th></tr>
<tr><td rowspan="3">照明用灯头引下线</td><td colspan="2">民用建筑内</td><td>0.4</td><td>0.5</td><td>1.5</td></tr>
<tr><td colspan="2">工业建筑内</td><td>0.5</td><td>0.8</td><td>2.5</td></tr>
<tr><td colspan="2">户外</td><td>1.0</td><td>1.0</td><td>2.5</td></tr>
<tr><td rowspan="2">移动用电设备</td><td colspan="2">生活用</td><td>0.2</td><td>—</td><td>—</td></tr>
<tr><td colspan="2">生活用</td><td>1.0</td><td>—</td><td>—</td></tr>
<tr><td rowspan="6">架设在绝缘支持件上的绝缘导线/支点间距</td><td rowspan="2">1 m 以下</td><td>户内</td><td>—</td><td>1.0</td><td>1.5</td></tr>
<tr><td>户外</td><td>—</td><td>1.5</td><td>2.5</td></tr>
<tr><td rowspan="2">1 m～2 m</td><td>户内</td><td>—</td><td>1.0</td><td>2.5</td></tr>
<tr><td>户外</td><td>—</td><td>1.5</td><td>2.5</td></tr>
<tr><td colspan="2">2 m～6 m</td><td>—</td><td>2.5</td><td>4.0</td></tr>
<tr><td colspan="2">6 m～12 m</td><td>—</td><td>2.5</td><td>6.0</td></tr>
<tr><td rowspan="2">低压进户绝缘线</td><td colspan="2">挡距 10 m 以下</td><td>—</td><td>2.5</td><td>4.0</td></tr>
<tr><td colspan="2">挡距 10～25 m</td><td>—</td><td>4.0</td><td>2.5</td></tr>
<tr><td colspan="3">穿管敷设</td><td>1.0</td><td>1.0</td><td>—</td></tr>
<tr><td rowspan="4">架空线路</td><td colspan="2">导线名称</td><td>钢芯铝线</td><td colspan="2">铝及铝合金线</td></tr>
<tr><td colspan="2">35 kV</td><td>25</td><td colspan="2">35</td></tr>
<tr><td colspan="2">6～10 kV</td><td>25</td><td colspan="2">35</td></tr>
<tr><td colspan="2">1 kV 以下</td><td>16</td><td colspan="2">16</td></tr>
</table>

(3) 按允许的温升(即安全载流量)选择导线的截面积

按允许载流量选择导线的截面积应满足以下条件：

$$I_{js} \leqslant I_Y$$

式中，I_{js} 为线路中的计算电流；I_Y 为电线电缆的允许安全载流量。

(4) 常用导线类型的选用

常用导线类型的选用还应考虑：

① 根据允许的电压损失来选择导线的截面积。

② 经济和实用。以导电体“以铝代铜”，绝缘材料“以塑料代橡胶”和电缆护层“以铝代铅”的原则选择导线。

三、绝缘材料

绝缘材料又称电介质。绝缘材料电导率极低，主要用于隔离带电的或不同电位的导体，使电流能按预定的方向流动。绝缘材料经常还起机械支撑、保护导体及防晕、灭弧等作用。电工绝缘材料分气体、液体和固体三大类。影响绝缘材料电导率的因素主要是杂质、温度和湿度。绝缘材料受潮后，绝缘电阻会显著下降。为提高设备的绝缘电阻，必须避免在固体电介质中存在气泡和电介质受潮。

1. 常用的绝缘材料

① 绝缘漆。绝缘漆包括浸渍漆和涂覆漆两大类。浸渍漆主要浸渍电机、电器的线圈和绝缘零部件，用以填充其间隙和微孔，以提高它们的绝缘和机械强度。浸渍漆分为有溶剂浸渍漆和无溶剂浸渍漆两类。涂覆漆包括覆盖漆、硅钢片漆、漆包线漆、放电晕漆和瓷漆等。它们都是用来涂覆经浸渍漆处理后的电机、电器的线圈和绝缘零部件，以在漆物表面形成连续而均匀的漆膜，作为绝缘保护膜。

② 绝缘胶。常用的绝缘胶有黄电缆胶、黑电缆胶、环氧电缆胶、环氧树脂胶等。绝缘胶多用于电缆接线盒和终端盒上。

③ 绝缘油。绝缘油有天然矿物油、天然植物油和合成油。天然矿物油有变压器油、开关油、电容器油、电缆油等，多用于大型变压器的绝缘及散热等方面。天然植物油有蓖麻油、大豆油等。合成油有氯化联苯油、甲基硅油、苯甲基硅油等。实践证明空气中的氧和温度是引起绝缘油老化的主要因素，而许多金属对绝缘油的老化起催化作用。

④ 绝缘制品。绝缘制品的种类繁多，主要有绝缘纤维制品、浸渍纤维制品、绝缘层压制品、电工用塑料、云母制品、石棉制品、绝缘薄膜及其复合制品、电工玻璃与陶瓷、电工橡胶，以及电工绝缘包扎带(如黑胶布，聚氯乙烯带)等。

2. 绝缘材料的主要性能指标

绝缘材料大部分是有机材料，其耐热性、机械强度和寿命比金属材料低得多。促使绝缘材料老化的主要原因，在低压电器设备中是过热，在高压设备中是局部放电。绝缘材料是电工产品最薄弱的环节，许多故障发生在绝缘部分，因而要了解其性能特点，合理地利用绝缘材料。常用固体绝缘材料的主要性能指标有：击穿强度、耐热性、绝缘电阻、机械强度等。

① 击穿强度。当绝缘材料中的电场强度高于某一数值时，绝缘材料会被损坏失去绝缘性能，这种现象称为击穿，此电场强度称为击穿强度，单位为 kV/mm。

② 耐热性。影响绝缘材料老化的因素很多，主要是热的因素，电工绝缘材料的使用寿命取决于在什么温度下工作。为避免加速材料的老化，绝缘材料按使用过程中允许的最高温度分为 7 个耐热等级，并规定了各自的极限工作温度，应注意区别使用。

③ 绝缘电阻。绝缘材料的微小漏电流由两部分组成，一部分流经绝缘材料内部，另一部分沿绝缘材料表面流动。因而绝缘材料的表面电阻率和体积电阻率是不同的。对各种不同的绝缘材料通常用表面电阻率和体积电阻率加以比较。

④ 机械强度。各种绝缘材料相应有抗张、抗压、抗剪、抗撕、抗冲击等各种强度指标，在一些特殊场合应查阅其性能指标方可使用。使用绝缘材料有时还要考虑其耐油性、渗透性、伸长率、收缩率、耐溶剂性、耐电弧性等。

四、磁性材料

根据材料在外磁场作用下呈现出磁性的强弱，可分为强磁性材料和弱磁性材料两类。工程上使用的磁性材料都属于强磁性物质。常用磁性材料主要有电工用纯铁、硅钢片、铝镍钴合金等。磁性材料按其特性不同，可分为软磁材料和硬磁材料（又称永磁材料）两大类。

1. 软磁材料

因为这类材料在较弱的外界磁场作用下，就能产生较强的磁感应，且随着外磁场的增强很快达到磁饱和状态，而当外磁场去掉后，它的磁性就基本消失，所以软磁材料的主要特点是导磁率高、剩磁少、磁滞损耗（铁损）小。常用的软磁材料有硅钢片和电工用纯铁两种。硅钢片作为常用的软磁材料，其主要特性是磁导率高、铁损耗小、电阻率高，适用于各种交变磁场，有热轧硅钢片、冷轧无取向硅钢片和冷轧有取向硅钢片。机修电工常用的硅钢板厚度有 0.35 mm 和 0.5 mm 两种，前者多用于各种变压器和电器，后者用于各种电工用纯铁材料，具有良好的软磁特性，电阻率很低。后者一般只用于直流磁场。

2. 硬磁材料

这类材料在外磁场的作用下，不容易产生较强的磁感应，但当其达到磁饱和状态以后，即使把外磁场去掉，还能保持较强磁性。硬磁材料的主要特点是剩磁多、磁滞损耗大、磁性稳定。常用的硬磁材料有铝镍钴合金及铝镍钴钛合金。硬磁材料主要用来制造永磁电机和微电机的磁极铁芯。

五、记录作业

1. 填空题

① 在欧姆定律中，电流的大小与__________成正比。

② 钢芯铝绞线的代号用__________表示。

③ “禁止合闸，有人工作”的标志牌应该制作为__________底__________字。

④ 铜、铝、铁三种导电材料比较，__________的导电性能最好。

⑤ B 系列、R 系列的交流工作电压为__________，直流工作电压为__________。Y 系列长期最高工作温度为__________。

⑥ __________线耐油性好、不易燃、不易发霉、耐气候性好，可在户外敷设。

2. 简答题

① 试述软磁材料和硬磁材料的主要用途。说出一种磁性非常稳定的硬磁材料。

② 给出负载情况如下，请选定导线型号及规格，并填入记录表。

负载情况	导线名称	线型号及规格
日光灯 40 W，3 只；台灯 40 W，1 盏；插座 5 A	总进线	
	日光灯用线	
	台灯引线	
	插座接线	
	电动机引线	
	电烘箱三相进线	

第二部分 电工基础实验

实验一　万用表的使用、电阻的认识与标注法

一、实验目的

① 认识万用表并掌握其使用方法；

② 认识实验室常用的电阻元件以及标识方法；

③ 会使用万用表测量电阻、直流电压、交流电压。

二、实验原理说明

1. 万用表

万用表又称为复用表、多用表、三用表、繁用表等，是电力电子等部门不可缺少的测量仪表，一般以测量电压、电流和电阻为主要使用目的。万用表按显示方式分为指针万用表和数字万用表。万用表是一种多功能、多量程的测量仪表，一般万用表可测量直流电流、直流电压、交流电流、交流电压、电阻和音频等，有的还可以测交流电流、电容量、电感量及半导体的一些参数(如 β)等。下面就以 500 型指针式万用表(见图 2-1)和普通 UT39A/VC890D 数字万用表(见图 2-2)为例来说明万用表的使用方法。

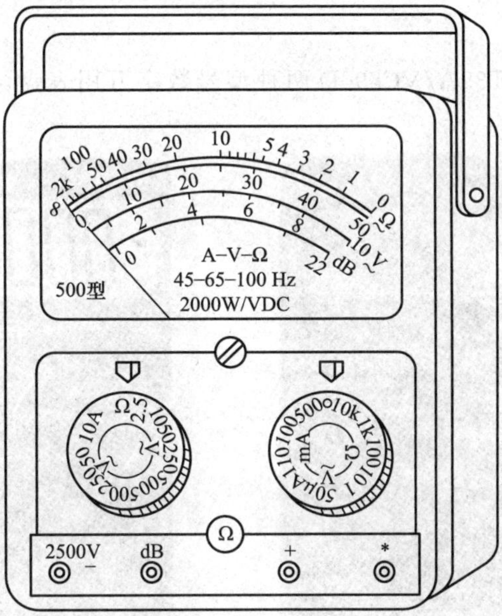

图 2-1　500 型指针式万用表版面结构

(1) 模拟指针式万用表

模拟指针式万用表的结构主要由指示部分、测量电路、转换装置三个部分组成。现以500型指针式万用表为例,介绍其使用方法及注意事项。

① 万用表表笔的插接。测量时将红表笔插入"+"插孔,黑表笔插入"-"插孔。测量高压时,应将红表笔插入2 500 V插孔,黑表笔仍旧插入"-"插孔。

② 交流电压的测量。测量交流电压时,将万用表的转换开关置于交流电压量程范围内所需的某一量限位置上。表笔不分正负,将两表笔分别接触被测电压的两端,观察指针偏转,读数。

③ 直流电压的测量。测量直流电压时,将万用表的转换开关置于直流电压量程范围所需的某一量限位置上。用红表笔接触被测电压的正极,黑表笔接触被测电压的负极。测量时,表笔不能接反,否则易损坏万用表。直流电压的读数与交流电压读同一条标度尺。

④ 直流电流的测量。测量直流电流时,将万用表的转换开关置于直流电流量程范围所需的某一量限位置上。再将两表笔串接在被测电路中,串接时注意按电流从正到负的方向连接。读数与交流、直流电压同读一条标度尺。

⑤ 电阻值的测量。测量电阻时,将万用表的转换开关置于欧姆挡量程范围内所需某一量限位置上。再将两表笔短接,指针偏右。调节凋零电位器,使指针指示在欧姆标度尺"0"位上,接着用两表笔接触被测电阻两端,读取测量值。每转换一次量限挡位就需进行一次欧姆调零。读数读欧姆标度尺上的数,将读取的数再乘以倍率数即为被测电阻的电阻值。

⑥ 使用万用表应注意的事项:

❖ 使用前,一定要仔细检查转换开关的位置选择,避免误用而损坏万用表;

❖ 使用时,不能旋转转换开关;

❖ 电阻测量必须在断电状态下进行;

❖ 使用完后,将转换开关旋至空挡或交流电压最高量限位上。

(2) 数字万用表

图2-2所示为普通UT39A/VC890D两种型号数字万用表盘,以下以该表为例来说明数字万用表的使用。

图2-2 UT39A/VC890D数字万用表面板图

① 测量直流电压。将功能量程选择开关拨到“V－”区域内恰当的量程档，红表笔插入“V. Ω”插孔，黑表笔插入“COM”插孔，然后将电源开关“POWER”打开，将被测电路并联接入，这时即可进行直流电压的测量。注意输入的直流电压最大值不得超过 1 000 V。

② 测量交流电压。将功能量程选择开关拨到“V～”区域恰当的量程，同①的方法即可进行交流电压的测量。特别提醒接入的交流电压不得超过 750 V(有效值)，且被测电压频率在 45～500 Hz 范围内。

③ 测量直流电流。将功能量程选择开关拨到“A－”区域恰当量程挡，红表笔接“mA”插孔(被测电流≤200 mA)或接“10 A”插孔(被测电流＞200 mA)，黑表笔插入“COM”插孔，然后接通电源即可进行直流电流的测量。使用时应注意测量的量程。

④ 测量交流电流。将功能量程选择开关拨到“A～”区域内的恰当量程挡，其余操作与测量直流电流时相同。

⑤ 测量电阻。将功能量程选择开关拨到“Ω”区域内的恰当量程挡，红表笔接“Ω”插孔，黑表笔接“COM”插孔，然后将电源接通，将两表笔接于被测电阻两端即可进行电阻的测量。使用时特别注意，严禁带电测量电阻。用低挡测电阻(如用 200 Ω 挡)时，为了精确测量，可先将两表笔短接，测出两表笔的引线电阻，并根据此数值修正测量结果。测量时，应手持两表笔的绝缘杆，以防人体电阻接入，而引起测量误差。

⑥ 测量二极管。将功能量程选择开关拨到二极管挡，红表笔插入“V. Ω”插孔，黑表笔插入“COM”插孔，然后将电源接通，即可进行测量。测量时，红表笔接二极管正极，黑表笔接二极管负极，两表笔的开路电压为 2.8 V(典型值)，测试电流为 1 mA±0.5 mA。当二极管正向接入时，锗管应显示 0.150～0.300 V；硅管应显示 0.550～0. 700 V，若显示超量程符号，表示二极管内部断路，显示全为零表示二极管内部短路。

⑦ 测证三极管。将功能量程选择开关拨到“NPN”或“PNP”位置，有的用“h_{EF}”表示位置，接通电源，测量时将三极管的三个管脚分别插入“h_{EF}”插座对应的孔内即可。

⑧ 检查线路通断。将功能量程选择开关拨到蜂鸣器位置，红表笔接入“V. Ω”插孔，黑表笔接“COM”插孔，接通电源。将表笔另外两端分别接于待测导体两端，若被测线路电阻低于规定值(200±10)Ω 时，蜂鸣器发出声音，表示线路是通的。

⑨ 测量电导。将功能量程选择开关拨到“nS”量程挡，红表笔接“nS/F/V/Ω”插孔，黑表笔接“nS/A”插孔，然后将电源接通，将两表笔接于被测元件两端即可进行电导测量。使用时特别注意，不得带电测量电导。电导测量范围 0.1～100 nS。

⑩ 测量电容。将功能量程选择开关拨到“CAP”区域内的恰当量程挡，将电容器的两条腿分别插到表盘上测电容的专用插孔中即可进行测量。

频率挡的电压灵敏度是 50 mV，输入信号范围是 50 mV～10 V。

(3) 使用数字万用表注意事项

① 严禁在测量高电压或大电流的过程中拨动开关，以防电弧烧坏触点。

② 测量时应注意欠压指示符号，若符号被点亮，应及时更换电池。为延长电池的使用寿命，在每次测量结束后，应立即关闭电源。

③ 测量前，若无法估计被测电压或电流的大小，应先选择最高量程挡测量，然后根据显示

结果选择恰当的量程。

④ 测电流时，应按要求将仪表串入被测电路，若无显示应首先检查 0.5 A 的熔断丝是否插入插座。

⑤ 选择电压测量功能时，要求选择准确防止误接，如果误用交流电压挡去测直流电压，或误用直流电压挡去测交流电压，将会显示“000”或在低位上出现跳字。

⑥ 数字万用表在进行电阻测量、检查二极管及检查线路通断时，红表笔接“V. Ω”插孔，带正电；黑表笔接“COM”插孔，带负电。该种情况与模拟万用表正好相反，使用时应特别注意。

2. 电阻的识别

电阻是电气、电子设备中最常用的元件之一，主要用于控制和调节电路中的电流和电压，或作为消耗电能的负载。它有线性电阻和非线性电阻两大类，有固定电阻和可变电阻之分，可变电阻通常称为电位器，当然还可按材料、功率及精确度分类。

(1)电阻的型号

如表 2-1 所示电阻的型号命名方法，电阻的型号由四部分(主称、材料、类别、序号)组成。例如：精密金属膜电阻器 RJ73 第一部分：主称 R——电阻器。第二部分：材料 J——金属膜。第三部分：类别 7——精密。第四部分：序号 3。又如：多圈线绕电位器 WXD3 第一部分：主称 W——电位器。第二部分：材料 X——线绕。第三部：类别 D——多圈。第四部分：序号 3。

表 2-1　电阻的型号命名方法

第一部分			第二部分			第三部分				第四部分
	符号	意义		符号	意义		符号	电阻器	电位器	
				T	碳膜		1	普通	普通	
				H	合成膜		2	普通	普通	
				S	有机实心		3	超高频	—	
				N	无机实心		4	高阻	—	
	R	电阻器		J	金属膜		5	高温	—	
				Y	氧化膜		6	—	—	
				C	沉积膜		7	精密	精密	序号：对主称、材料相同，仅性能指标、尺寸大小有区别，但基本不影响互换使用的产品，给同一序号；若性能指标、尺寸大小明显影响互换时。则在序号后面用大写字母作为区别代号
主称			材料	I	玻璃釉膜	类别	8	高压	特殊函数	
				P	硼酸膜		9	特殊	特殊	
				U	硅酸膜		G	高功率	—	
				X	线绕		T	可调	—	
				M	压敏		W	稳压式	微调	
	W	电位器		G	光敏		D	—	多圈	
				R	热敏		B	温度补偿用	—	
				—	—		C	温度测量用	—	
				—	—		P	旁热式	—	
				—	—		Z	正温度系数	—	

电阻器(电位器、电容器)的标称有 E24、E12、E6 系列，相应允许误差分别为Ⅰ级(±5%)、

Ⅱ级(±10%)、Ⅲ级(±20%)。

(2) 常用固定电阻的阻值和允许偏差的标注方法

① 直标法。将阻值和误差直接用数字和字母印在电阻上(无误差标示为允许误差±20%)。标称电阻的直标法如图 2-3 所示。

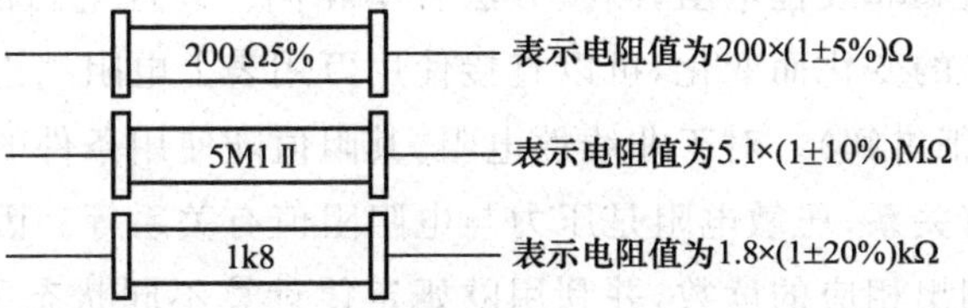

图 2-3 标称电阻的直标法

② 色环表示法。将不同颜色的色环涂在电阻器(或电容器)上来表示电阻(电容器)的标称值及允许误差。各种颜色代表的数值见表 2-2。固定电阻色环标示读数规则如图 2-4 所示。

表 2-2 电阻器色标符号意义

色环颜色	第一色环	第二色环	第三色环	第四色环
	有效数字第一位数	有效数字第二位数	应乘倍率	允许误差
黑	0	0	10^{0}	—
棕	1	1	10^{1}	±1%
红	2	2	10^{2}	±2%
橙	3	3	10^{3}	—
黄	4	4	10^{4}	—
绿	5	5	10^{5}	±0.5%
蓝	6	6	10^{6}	±0.2%
紫	7	7	10^{7}	±0.1%
灰	8	8	10^{8}	—
白	9	9	10^{9}	±50%~±20%
金	—	—	10^{-1}	±5%
银	—	—	10^{-2}	±10%
无色	—	—	—	±20%

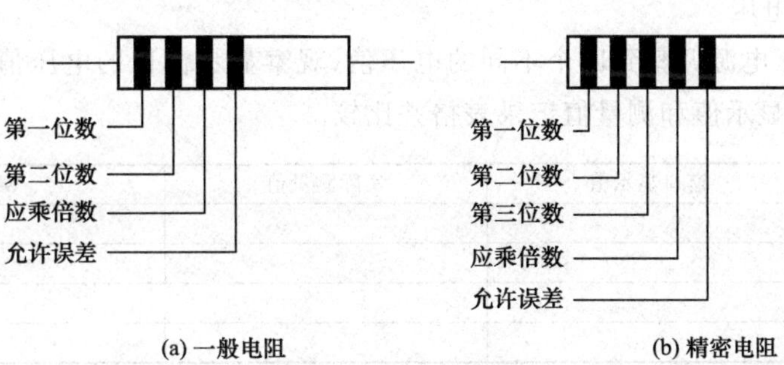

(a) 一般电阻　　(b) 精密电阻

图 2-4 固定电阻色环标示读数规则

例如：黄　紫　红　金　　　　表示 4.7×(1±5%)kΩ。

红　橙　黄　　　　　　表示 230×(1±20%)kΩ。

棕　紫　绿　金　棕　　表示 17.5×(1±1%)Ω。

(3)电阻的测量方法

电阻分为线性电阻和非线性电阻，测量方法各不相同。线性电阻的阻值不随使用环境条件(加在电阻上的电压)的变化而变化，可以直接使用万用表上电阻挡进行测量，也可以使用伏安法来测量(后续会详细讲解)。对于非线性电阻，其阻值随使用条件的变化而变化，如热敏电阻是温度与电阻阻值有关系，压敏电阻是压力与电阻阻值有关系等。因此测量电阻时，用交流电压表和交流电流表测出相应的读数，并利用欧姆定律计算不同状态下的(动态)电阻值。也可以通过万用表的电阻挡来进行测量。

三、实验内容与记录作业

1. 使用万用表测量电阻

实验器材：万用表、色环电阻、电阻箱、直流稳压电源。

(1) 万用表测量色环电阻

按小组每个小组发三个环数不一样的色环电阻。根据色环显示查表 2-2 计算出阻值，再用万用表测量电阻来验证并记录数据。

色环电阻	色环显示	读取值	实测值	误差
电阻一				
电阻二				
电阻三				

(2) 万用表测量电阻箱电阻

按小组每个小组发一只可调电阻箱，给出四个不同的阻值，要求调整到相应阻值并用万用表电阻挡测量验证，将实际数据记录表格中。

调整值	实际测量值	误差
12.3 Ω		
56.8 Ω		
768.5 Ω		
1 234.5 Ω		

2. 使用万用表测量电压

每个小组将直流稳压电源调整到四个不同的电压值，观察显示窗口的电压值并用万用表测量实际输出电压值，将显示值和测量值记录表格并比较。

直流稳压电源理想值	窗口显示值	实际测量值	误差
3 V			
6 V			
9 V			
12 V			

想一想，测量电阻和测量电压的时候实际测量值与理想值为什么会有误差？

实验二　线性电阻和非线性电阻特性比较

一、实验目的

① 进一步熟悉直流稳压电源和万用表能熟练掌握他们的使用方法；

② 了解普通电阻和灯泡电阻伏安特性；

③ 学会伏安特性逐点测试法。

二、实验原理说明

当一个元件两端加上电压，元件内有电流通过时，电压与电流之比称为该元件的电阻，若一个元件两端的电压与通过它的电流成比例，则伏安特性曲线为一条直线，这类元件称为线性元件。若元件两端的电压与通过它的电流不成比例，则伏安特性曲线不再是直线，而是一条曲线，这类元件称为非线性元件。线性电阻与非线性电阻特性曲线见图 2-5。

一般金属导体的电阻是线性电阻，阻值与外加电压的大小和方向无关，其伏安特性是一条直线。从图 2-5 看出，直线通过一、三象限。它表明，当调换电阻两端电压的极性时，电流也换向，而电阻始终为一定值，等于直线斜率，常用的晶体二极管是非线性电阻，其电阻值不仅与外加电压的大小有关，而且还与方向有关。

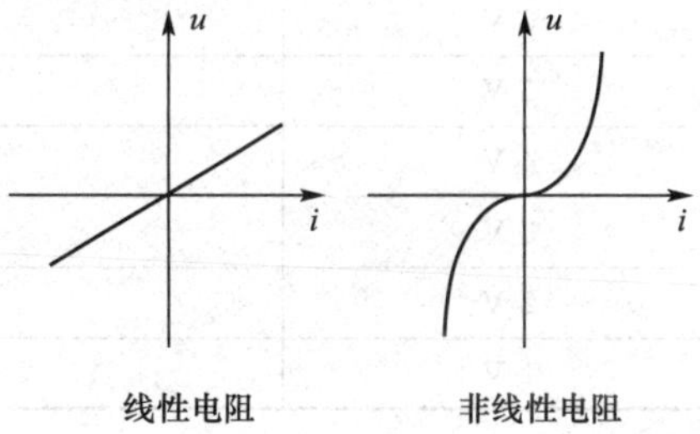

图 2-5　线性电阻与非线性电阻特性曲线

最常见的非线性元件有半导体二极管等。半导体的导电性能介于导体和绝缘体之间。如果在纯净的半导体中适当地掺入极微量的杂质，则半导体的导电能力就会有上百万倍的增加。加到半导体中的杂质可分成两种类型：一种杂质加到半导体中去后，在半导体中会产生许多带负电的电子，这种半导体叫电子型半导体。另一种是在纯净的硅晶体中掺入三价元素(如硼)，使之取代晶格中硅原子的位置，称之为空穴型半导体。下面以最常见的实验器材研究固定电阻和小灯泡电阻伏安特性为例做实验验证。

三、实验内容

1. 实验器材：小灯泡 6.3 V/0.15 A、毫安表(选择合适的量程)、单刀开关、直流稳压电源、100 Ω 电阻、万用表。

2. 按照图 2-6 所示实验电路图连接好电路图，调整电源电压(从 6 V 到 1 V)，将测量数据记录在下面对应表格中，再按照图 2-6 所示灯泡电路图连接好电路图，调整电压，将数据记录在对应表格中，根据欧姆定律 $R=U/I$ 计算数据并绘制出坐标系。

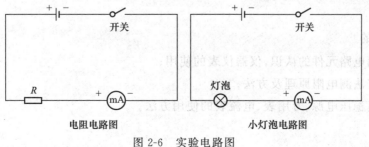

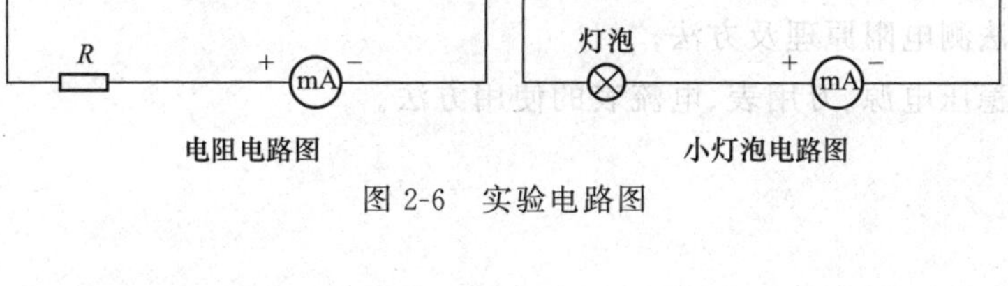

图 2-6　实验电路图

四、记录作业

① 电阻电路记录表(注意毫安表量程)。

电源电压	测量电压/V	测量电流/mA	计算电阻/Ω
6 V			
5 V			
4 V			
3 V			
2 V			
1 V			

② 小灯泡电路记录表(注意毫安表量程)。

电源电压	测量电压/V	测量电流/mA	计算电阻/Ω
6 V			
5 V			
4 V			
3 V			
2 V			
1 V			

③ 根据表格里面的数据绘制出 U/I 坐标系伏安特性曲线图(见图 2-7),由伏安特性曲线分析阻值变化。

由实验曲线可知,随着电压的减小,小灯泡的电阻__________(增大、减小或不变)。

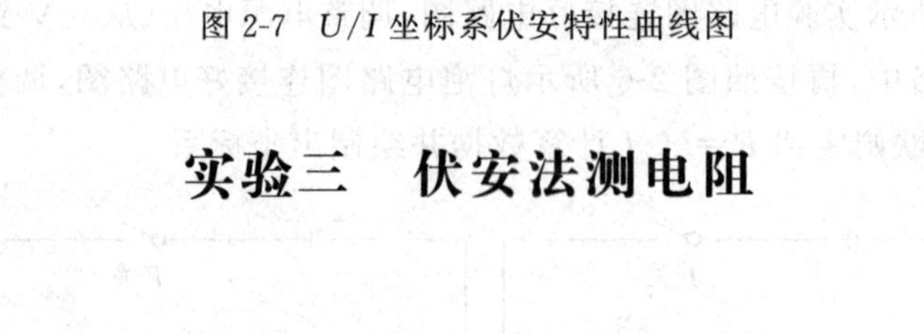

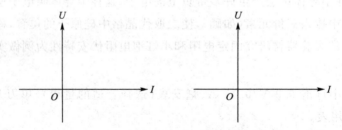

图 2-7 U/I 坐标系伏安特性曲线图

实验三 伏安法测电阻

一、实验目的

① 巩固常用电路元件的认识,仪器仪表的使用;

② 掌握伏安法测电阻原理及方法;

③ 掌握直流稳压电源、万用表、电流表的使用方法。

二、实验原理说明

线性电阻的阻值不随使用环境条件（加在电阻上的电压）的变化而变化，可以通过万用表的电阻挡进行测量，也可以用伏安法测量（即先用直流电压表和直流电流表测出电阻上相应的电压和电流读数值，然后得用欧姆定律 $R=U/I$，计算电阻值）。其测量电路如图 2-8 所示，当测量电阻 R_x 较大时，采用电流表内接法，当 R_x 较小时，采用电流表外接法。

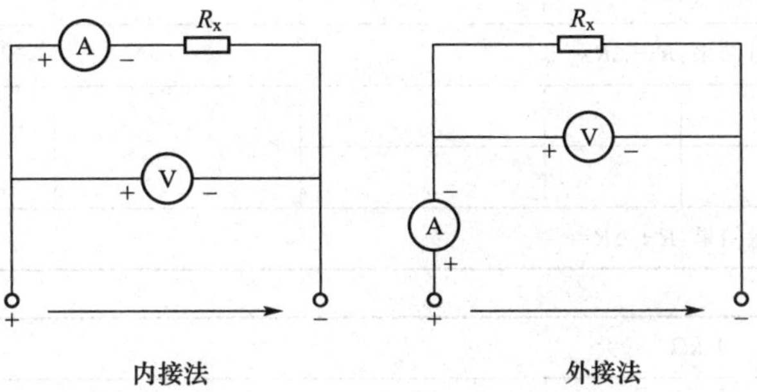

图 2-8 伏安法测电阻电路图

三、实验内容

① 巩固复习相关仪器仪表，记录本次实验选用的元件、仪器。

② 给出两个固定电阻，电阻阻值选一个小电阻和一个大电阻，本实验以 25 Ω 和 1 kΩ 为例。

③ 伏安法测电阻时需要注意电流表和电压表的正、负极不能接反，切勿将电流表并联，电压表串联，以上做法均会损毁电表。

④ 选小电阻 R_1，调整两次电压，记录每次相应的电压表和电流表的读数，并计算出电阻值。比较两次结果，看电阻是否一致，取两次的平均值作为测量结果。以电阻器的标称值为准确值计算误差，并做记录。

选大电阻 R_2，同上进行测量，并做记录。

四、记录作业

① 选用主要仪器。

序号	名　　称	型号与规格	数量
1	可调直流稳压电源	0～30 V，MCH-303D	1 台
2	万用表	MF-500	1 块
3	直流电流表	C19-mA	1 块
4	直流电压表	0～10 V	1 块
5	固定电阻器	25 Ω，1 kΩ	各 1 支

② 完成实验内容要求的有关数据记录与计算。

测量电阻 R_1：标称值 $R_{1N}=25\ \Omega$

<table>
<tr><td rowspan="2">电　路</td><td colspan="2">读 数 值</td><td colspan="3">计 算 结 果</td></tr>
<tr><td>U/V</td><td>I/mA</td><td>$R=\frac{U}{I}/\Omega$</td><td>平均值 R_{av}/Ω</td><td>误差$=\frac{R_{av}-R_N}{R_N}/\%$</td></tr>
<tr><td rowspan="3">内 接 法</td><td></td><td></td><td></td><td rowspan="2"></td><td rowspan="2"></td></tr>
<tr><td></td><td></td><td></td></tr>
<tr><td colspan="5">测量结果：$R+\Delta R=$</td></tr>
<tr><td rowspan="3">外 接 法</td><td></td><td></td><td></td><td rowspan="2"></td><td rowspan="2"></td></tr>
<tr><td></td><td></td><td></td></tr>
<tr><td colspan="5">测量结果：$R+\Delta R=$</td></tr>
</table>

测量电阻 R_2：标称值 $R_{2N}=1\ k\Omega$

<table>
<tr><td rowspan="2">电　路</td><td colspan="2">读 数 值</td><td colspan="3">计 算 结 果</td></tr>
<tr><td>U/V</td><td>I/mA</td><td>$R=\frac{U}{I}/\Omega$</td><td>平均值 R_{av}/Ω</td><td>误差$=\frac{R_{av}-R_N}{R_N}/\%$</td></tr>
<tr><td rowspan="3">内 接 法</td><td></td><td></td><td></td><td rowspan="2"></td><td rowspan="2"></td></tr>
<tr><td></td><td></td><td></td></tr>
<tr><td colspan="5">测量结果：$R+\Delta R=$</td></tr>
<tr><td rowspan="3">外 接 法</td><td></td><td></td><td></td><td rowspan="2"></td><td rowspan="2"></td></tr>
<tr><td></td><td></td><td></td></tr>
<tr><td colspan="5">测量结果：$R+\Delta R=$</td></tr>
</table>

③ 由实验结果可知：内接法适用于测量__________的电阻；外接法适用于测量__________的电阻。

实验四　基尔霍夫定律的验证

一、实验目的

① 验证基尔霍夫定律的正确性，加深对基尔霍夫定律的理解。

② 学会用电流插头、插座测量各支路电流。熟悉电位、电压测定方法。

③ 掌握直流稳压电源、万用表、电流表的使用方法。

二、实验原理说明

基尔霍夫定律是电路的基本定律。测量某电路的各支路电流及每个元件两端的电压，应能分别满足基尔霍夫电流定律（KCL）和电压定律（KVL）。

即对电路中的任一个节点而言，应有$\sum I=0$；对任何一个闭合回路而言，应有$\sum U=0$。运用上述定律时必须注意各支路或闭合回路中电流的正方向，必须预先设定好电流或电压参考方向。

三、实验设备

名　称	型号参数	数　量	仪器参数
直流稳压电源	MCH-303D	1台	0～30 V,2路输出
直流电流表	C19-mA	1块	150 mA,1.0级
万用表	MF-500	1块	0～750 V
电阻器(箱)	1/8W	$R_1=500\ \Omega$、$R_2=300\ \Omega$、$R_3=100\ \Omega$	
电流插座	自制	4个	

四、实验内容

1. 如图2-9所示连接电路,测电位,记录测量值

① 以A点为参考点用万用表测量B、C、D点的电位。如$V_B=V_B-V_A=U_{BA}$,则万用表的红表笔置于待测点B,黑表笔放在A点测量。若指针反偏,说明极性相反,A点电位高,应对调表笔测U_{AB},则$V_B=U_{BA}=-U_{AB}$。

② 以B点为参考点用万用表测量A、C、D点的电位。

2. 验证KCL

以图2-9所示电路验证基尔霍夫定律所示电流为参考方向,测量电流I_1、I_2、I_3的值。电流表插头插入各支路的电流插座中,即可测量该支路的电流。若电流表指针反偏,说明极性相反。调节E_2,测3组数据,记录测量值,验证KCL。并比较各支路电流的测量值与计算值。

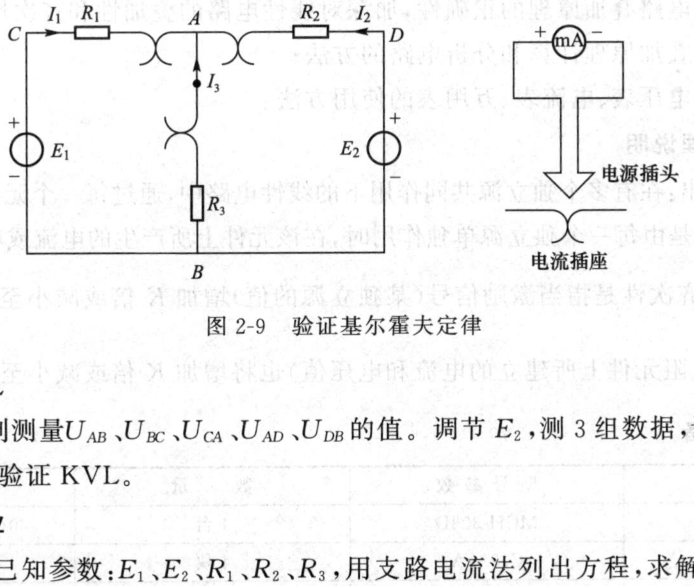

图2-9　验证基尔霍夫定律

3. 验证KVL

用万用表分别测量U_{AB}、U_{BC}、U_{CA}、U_{AD}、U_{DB}的值。调节E_2,测3组数据,记录测量值,对回路Ⅰ、回路Ⅱ分别验证KVL。

五、记录作业

① 由电路的已知参数:E_1、E_2、R_1、R_2、R_3,用支路电流法列出方程,求解I_1、I_2、I_3并填入表中的计算值,比较测量值与计算值。

② 完成实验内容并填写实验数据。

单位:V

测电位($E_1=15$ V,$E_2=6$ V)			
选$V_A=0$	$V_B=U_{BA}=$	$V_C=U_{CA}=$	$V_D=U_{DA}=$
选$V_B=0$	$V_A=U_{AB}=$	$V_C=U_{CB}=$	$V_D=U_{DB}=$

E_1/V	E_2/V	I_1/mA		I_2/mA		I_3/mA		$I_1+I_2+I_3$/mA
验证 KCL								
		测量值	计算值	测量值	计算值	测量值	计算值	测量值
15	0							
	3							
	6							

单位:V

验证 KVL									
E_1	E_2	U_{AB}	U_{BC}	U_{CA}	回路Ⅰ之和	U_{AD}	U_{DB}	U_{BA}	回路Ⅱ之和
15	0								
	3								
	6								

实验五　验证叠加定理

一、实验目的

① 验证线性电路叠加原理的正确性,加深对线性电路的叠加性和齐次性的认识和理解;

② 掌握运用叠加原理计算和分析电路的方法;

③ 熟悉直流电压表、电流表、万用表的使用方法。

二、实验原理说明

叠加原理指出:在有多个独立源共同作用下的线性电路中,通过每一个元件的电流或其两端的电压,可以看成是由每一个独立源单独作用时,在该元件上所产生的电流或电压的代数和。

线性电路的齐次性是指当激励信号(某独立源的值)增加 K 倍或减小至$\frac{1}{K}$时,电路的响应(即在电路中各电阻元件上所建立的电流和电压值)也将增加 K 倍或减小至$\frac{1}{K}$。

三、实验设备

名　　称	型号参数	数　　量	仪器参数
直流稳压电源	MCH-303D	1台	0～30 V　2路输出
直流电流表	C19-mA	1块	150 mA,1.0级
万用表	MF-500	1块	0～250 V
电阻器(箱)	1/8W	$R_1=500\ \Omega, R_2=300\ \Omega, R_3=200\ \Omega$	
电流插座	自制	4个	

四、实验内容

1. 连接实验电路

按图 2-10 所示验证叠加原理连接实验电路图。以图示电流方向为参考方向,测量 E_1、E_2

同时作用时的电流 I_1、I_2、I_3 的值，并记录。

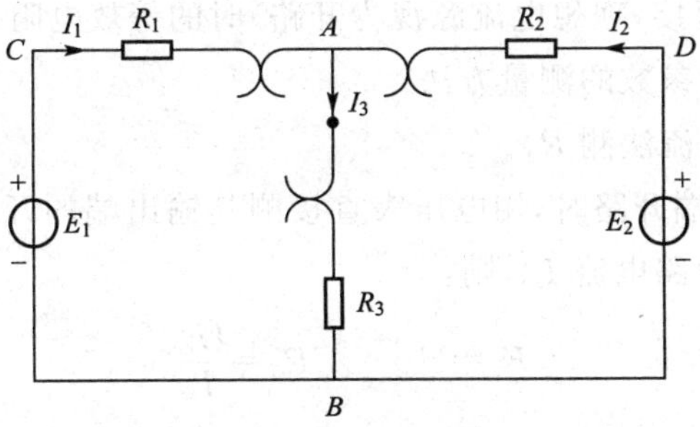

图 2-10　验证叠加原理

2. 验证叠加原理

① 用短接线置换电源 E_2，测三个支路电流。此时电流是由 E_1 单独作用所产生的，记为 I_1'、I_2'、I_3'。

② 同理测量 E_2 单独作用所产生的三个支路电流 I_1''、I_2''、I_3''。

③ 记录数据比较 I_1、$I_1'+I_1''$、I_2、$I_2'+I_2''$、I_3、$I_3'+I_3''$。

五、记录作业

完成实验内容要求的有关数据记录与计算。（$E_1=15$ V、$E_2=6$ V）

E_1、E_2同时作用	$I_1=$	$I_2=$	$I_3=$
E_1单独作用	$I_1'=$	$I_2'=$	$I_3'=$
E_2单独作用	$I_1''=$	$I_2''=$	$I_3''=$
叠加值	$I_1'+I_1''=$	$I_2'+I_2''=$	$I_3'+I_3''=$
偏差			

六、实验注意事项

① 用电流插头测量各支路电流，或者用电压表测量电压降时，应注意仪表的极性，正确判断测得值的正负号后，记入数据表格；

② 注意仪表量程要及时更换。

实验六　验证戴维南定理

一、实验目的

① 验证戴维南定理的正确性，加深对该定理的理解；

② 掌握运用等效电源法分析计算电路；

③ 验证负载获得最大功率的条件。

二、实验原理说明

1. 戴维南定理

任何一个线性有源网络，总可以用一个电压源与一个电阻的串联来等效代替，此电压源的

电动势 E_0 等于这个有源二端网络的开路电压 U_{oc}，其等效内阻 R_0 等于该网络中所有独立源均置零(理想电压源视为短接，理想电流源视为开路)时的等效电阻。

2. 有源二端网络等效参数的测量方法

(1) 开路电压、短路电流法测 R_0

在有源二端网络输出端开路时，用电压表直接测其输出端的开路电压 U_{oc}，然后再将其输出端短路，用电流表测其短路电流 I_{sc}，则：

$$E_0 = U_{oc} \qquad R_0 = \frac{U_{oc}}{I_{sc}}$$

(2) 负载获得最大功率的条件

电源电动势为 E_0、内阻为 R_0 的电源，给电阻为 R 的负载供电，当负载电阻等于电源内阻时，负载所获得功率最大。

即 $R=R_0$ 时：

$$P_{max} = \frac{E_0^2}{4R_0}$$

三、实验设备

序号	名　称	型号与规格	数量
1	可调直流稳压电源	0～30 V	1
2	可调直流恒流源	0～200 mA	1
3	直流指针电压表	0～200 V	1
4	直流指针毫安表	0～2 000 mA	1
5	万用表	MF-500	1
6	可调电阻箱	0～99 999.9 Ω	1
7	电位器	60 Ω、30 Ω、100 Ω/8 W	1

四、实验内容

1. 连接实验电路

实验电路如图 2-11 所示，以图示电流方向，测量 E_1、E_2 同时作用时的电流 I_1、I_2、I_3 的值。并记录。

2. 验证戴维南定理

① 把 R_3 视为负载 R，其余部分为有源二端网络，如图 2-11(a)所示虚线框内部分电路，用开路法测出 U_{OC}，用短路法测出 I_{SC}。记录并计算出 $R_0 = U_{oc}/I_{sc}$。

② 用一标准电阻箱将电阻箱电阻调整到等于 R_0，并与一直流稳压电源(输出电压为 U_{oc})相串联，图 2-11(b)所示为构成有源二端网络的戴维南等效电路，然后接入负载 R_3，测试此时负载电流(等效电流)I_{3D}，与原电流 I_3 比较。

3. 负载获得最大功率的条件

在图 2-11(b)中，改变负载电阻(电阻箱 R_3)值，从 $R_3 = R_0$ 开始，依次递减 50Ω 或依次递增 50Ω，并由电流表测出负载上的电流 I，则 $P = I^2R$ 计算负载获得的功率，并填入记录表。

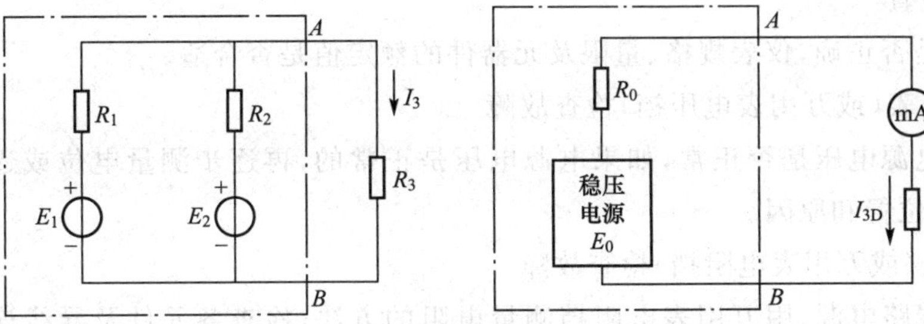

(a) 原电路　　(b) 等效电路

图 2-11　戴维南定理原理图

五、记录作业

完成实验内容要求的有关数据记录与计算。($E_1=15\text{V}, E_2=6\text{V}$)

原电路	E_1、E_2同时作用	$I_1=$	$I_2=$	$I_3=$
等效电路	等效电源参数	E_0	($I_{SC}=$　　　)$R_0=E_0/I_{SC}=$	
	等效电流	$I_{3D}=$	偏差 $I_{3D}-I_3=$	

负载获得最大功率的条件。

负载电阻 R						$R_3=R_0$					
供电电流 I											
功率 $P=I^2R$											

说明用戴维南定理求解电路的方法、步骤,总结用实验方法求有源二端网络等效电源的过程。根据记录表绘制 P-R 曲线,分析总结负载获得最大功率的条件。

实验七　电阻性电路的故障检查

一、实验目的

① 学习用观察法检查电路故障;

② 学习用电流表、电阻表检查电路故障;

③ 掌握用电压表(电压法)检查电路故障。

二、实验原理与说明

在实际生活中,电路常会出现各种各样的故障,如断线、短路、接线错误、元件老化损坏或接触不良等,使电路不能正常工作,甚至造成设备损坏或人身事故。电路出现故障时,应立即切断电源后进行检查,检查故障的一般方法如下:

(1) 线路检查

检查接线是否正确，仪表规格、量限及元器件的额定值是否合适。

(2) 用电压表(或万用表电压挡)检查故障

首先检查电源电压是否正常，如果电源电压是正常的，再逐步测量电位或逐段测量电压降，查出故障的位置和原因。

(3) 电阻表(或万用表电阻挡)检查故障

首先切断线路电源，用万用表电阻挡测量电阻的方法，检查各元件及导线连接点是否断开，电路有无短路。遇复杂电路时，可以断开一部分电路后再分别进行检查。

三、实验内容

① 对于一个线路的检查，可从最直观的现象来判断。一般线路出故障时，表现为无电流、无电压或电压、电流值不正常。以图 2-12 所示故障实验电路为例进行分析。当线路正常时，分别测量 A 点、B 点、C 点电位(此时黑笔始终接在电源负极 F 点)，它们应分别为 10.1 V、5 V、3 V，将测量值填入表中。

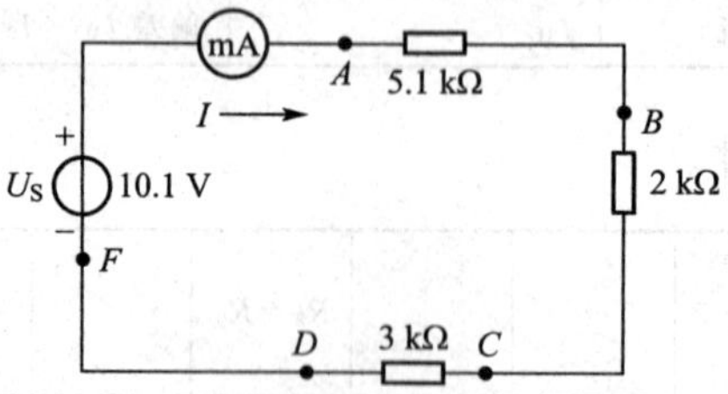

图 2-12 故障实验电路

② 将 3 kΩ 电阻旁的 D 点断开，模拟断路状况，再分别测 A、B、C、D 各点电位，将测量值填入表中。

③ 楼梯上下层电灯控制实验电路如图 2-13 所示，其中 S_1、S_2 分别是单刀双掷开关，小电珠的额定电压为 6.3 V，电源电压为 6 V。

④ 改进型楼梯上下层电灯控制线路(较前一种省线)的实验线路如图 2-14 所示，小电珠亮的前提是 S_1、S_2 与 a(或 b)同时接通。故障 a：当 a 线(或 b 线)断开时，失去楼上楼下控制功能。故障 b：当小电珠损坏时，小电珠端电压可能不会出现 6 V，(S_1 指 a，S_2 指 b)；也可能会出现 6 V 现象(S_1，S_2 同时拨到 a 线)。上述情况可通过实验检验。

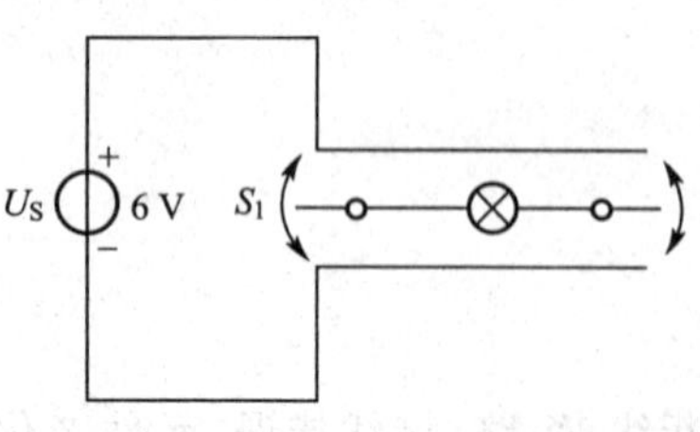

图 2-13 楼梯上下层电灯控制实验电路

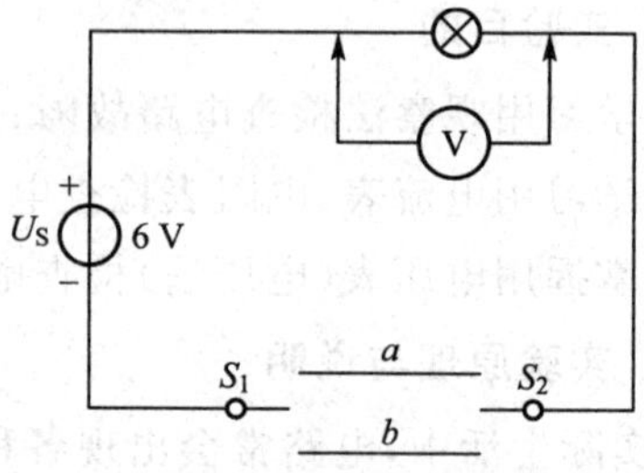

图 2-14 改进型楼梯上下层电灯控制实验电路

⑤ 多支路电路的测试如图 2-15 所示，当R_2，R_3，R_4分别开路时，测量各点电压，填入记录表，并与正常值比较。

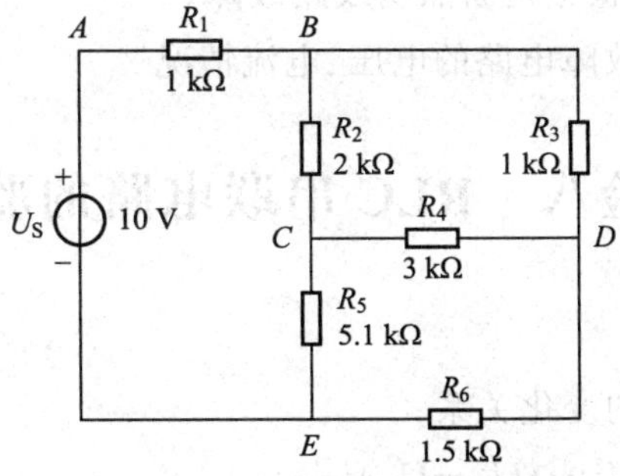

图 2-15　多支路电路

四、记录作业

① 选用主要仪器(按实际情况填)。

名　　称	型号参数	数　量	推荐仪器参数
直流稳压电源		1 组	0～15 V
电阻箱		3 只	(0.1＋1＋10＋100＋1 000＋10 000)Ω
小电珠		1 个	6.3 V
万用表		1 只	MF-10 或 500 型
导线、开关、电流插座等		若干	

② 完成实验内容要求的有关数据记录与计算。

故障实验($U_{S1}=10.1$ V，$R_1=5.1$ kΩ，$R_2=2$ kΩ，$R_3=3$ kΩ)。

状态 / 测点	正常	非正常
V_A/V		
V_B/V		
V_C/V		
V_D/V		

多支路电路的测试。

状态 / 测点	全接入	R_2断开	R_3断开	R_4断开
U_{AB}/V				
U_{BC}/V				
U_{CD}/V				
U_{DE}/V				

③ 图 2-14 中，什么情况下$U_{AB}=10$ V?

④ 分别画出当图 2-14 中 R_2 开路、R_3开路、R_4开路时的等效电路原理图。

⑤ 在图 2-13 中结合开关状态判断照明线路故障。

⑥ 研究比较正常电路与故障电路的电压、电流情况。

实验八　RLC 串联电路的验证

一、实验目的

① 了解电路属性随频率的变化关系；

② 验证 $U^2=U_R^2+U_{LC}^2=U_R^2+(U_L-U_C)^2$；

③ 了解低频信号发生器、低频毫伏表等测量仪器的使用方法。

二、实验原理说明

1. RLC 串联电路的属性

当 $X_L>X_C(U_L>U_C)$时，电路属电感性，电流滞后电压阻抗角 θ；

当 $X_L<X_C(U_L<U_C)$时，电路属电容性，电流超前电压阻抗角 θ；

当 $X_L=X_C(U_L=U_C)$时，电路属电阻性，电流与电压同相。

RLC 串联电路相量图如图 2-16 所示。

由于 $X_L=2\pi fL$、$X_C=(2\pi fC)^{-1}$，所以电路属性与电路参数 L、C 及电源频率 f 有关。在 L、C 定值时，f 变为决定电路属性的关键因素。

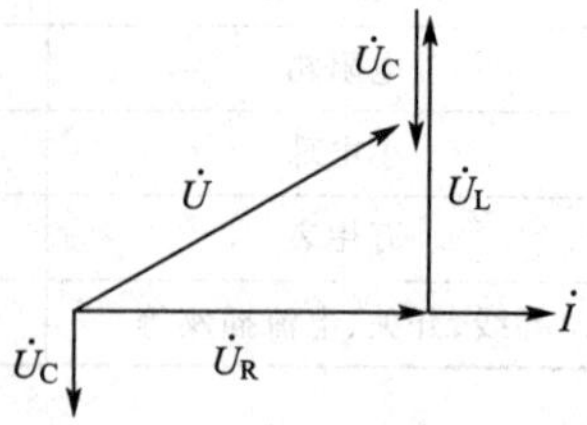

图 2-16　RLC 串联电路相量图

2. RLC 串联电路电压关系

瞬时值　　$u=u_R+u_L+u_C$

相量值　　$\dot U=\dot U_R+\dot U_L+\dot U_C$

有效值　　$U^2=U_R^2+(U_L-U_C)^2$

三、实验内容

① 连接实验线路。连接 RLC 串联谐振实验电路如图 2-17 所示，调节信号发生器输出正弦波的峰-峰值电压为 3 V，且保持不变。

② 调节信号的 f。测量各元件的电压，计算 $f_0=\dfrac{1}{2\pi\sqrt{LC}}$，将信号发生器频率调到该值，用毫伏表测量对应上述各频率时 U_R、U_L、U_C的值，并记录测量数据。按记录表中所列数据，分别调节信号发生器频率为($f_0\pm500$ Hz)、($f_0\pm1\ 000$ Hz)和($f_0\pm1\ 500$ Hz)，把测量和观察到的数据记录到表中。

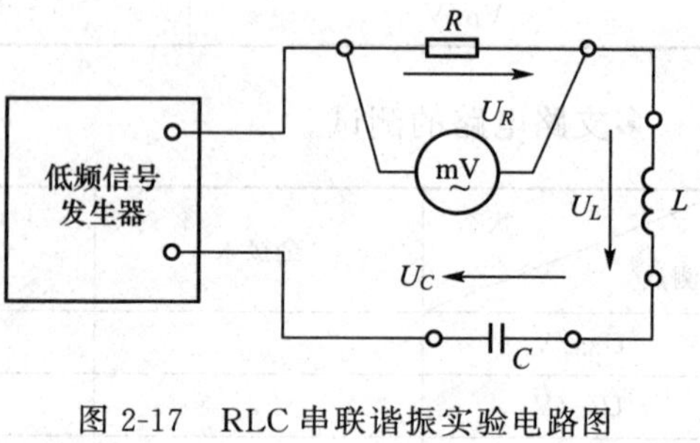

图 2-17　RLC 串联谐振实验电路图

四、记录作业

① 选用的主要仪器。

名　　称	型号参数	数　　量	推荐仪器参数
函数信号发生器	6025C	1台	
电阻器		1只	200 Ω
电感线圈		1只	200 mH, $R<15\ \Omega$
电容器		1只	0.1 μF
晶体管毫伏表	MV-2174B	1块	0～6 V

② 完成实验内容要求的有关数据记录、计算。

RLC串联电路电压测量数据($U=3$ V)

f/kHz					f_0		
U_R/mV							
U_L/mV							
U_C/mV							
$U_L>$(或$<$)U_C							
电路属性变化							
验证 $\sqrt{U_R^2+(U_L-U_C)^2}$							

③ 选三组数据验证。

$$U=\sqrt{U_R^2+(U_L-U_C)^2}$$

实验九　日光灯的安装及功率因数的提高

一、实验目的

① 熟悉日光灯线路的安装；

② 通过日光灯电路功率因数的提高，加深对提高感性负载功率因数意义的认识；

③ 掌握交流电压表、交流电流表的使用方法，学习功率因数表、功率表的使用。

二、实验原理说明

1. 日光灯电路组成

日光灯由日光灯管、镇流器、启辉器及开关组成，日光灯电路如图2-18所示。

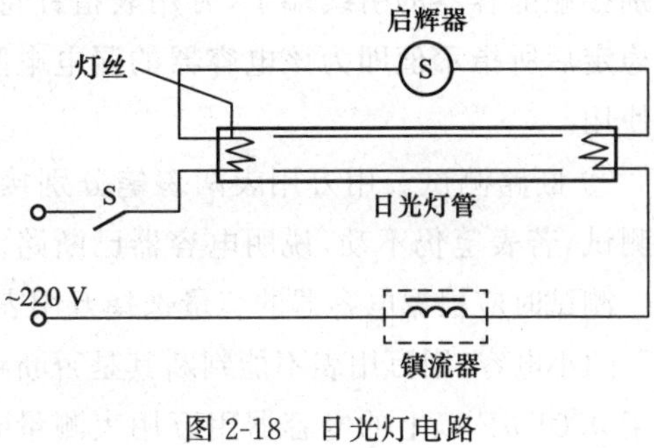

图2-18　日光灯电路

(1) 日光灯管

灯管是内壁涂有荧光粉的玻璃管，两端有钨丝，钨丝上涂有易发射电子的氧化物。玻璃管抽成真空后充入一定量的氩气和少量的水银，氩气具有使灯管易发光和保护电极、延长灯管寿命的作用。

（2）镇流器

镇流器是一个具有铁芯的线圈。在日光灯启动时，它和启辉器配合产生瞬间高压促使灯管导通，管壁荧光粉发光。灯管发光后在电路中起限流的作用。

（3）启辉器

启辉器结构如图 2-19 所示，启辉器的外壳是用铝或塑料制成，壳内有一个充有氖气的小玻璃泡和一个纸质电容器，玻璃泡内有两个电极，其中弯曲的触片是由热膨胀系数不同的双金属片（冷态常开触头）制成。电容器的作用是避免启辉器触片断开时产生的火花将触片烧坏，也防止灯管内气体放电时，产生的电磁波辐射对收音机、电视机等的干扰。

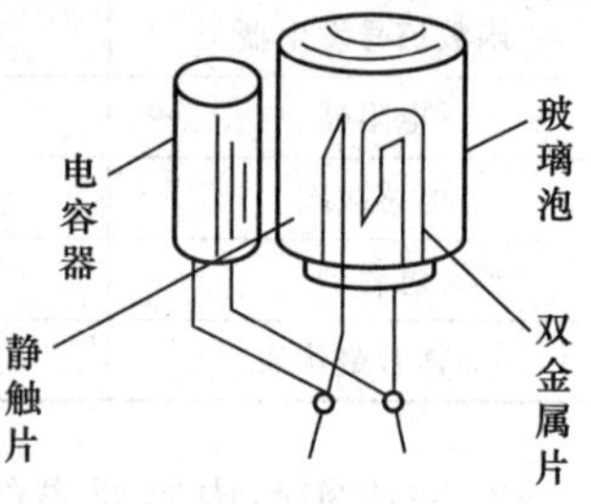

图 2-19　启辉器结构

2. 日光灯发光原理及启动过程

如图 2-18 所示，当接通电源后，电源电压（220 V）全部加在启辉器静触片和双金属片两极间，高压产生强电场使氖气放电（红色辉光），热量使双金属片伸直并与静触片连接。电流经镇流器、灯管两端灯丝及启辉器构成通路。灯丝流过电流被加热（温度可达 800～1 000 ℃）后产生热电子发射，释放大量电子，致使管内氩气电离，水银蒸发为水银蒸气，为灯管导通创造了条件。

由于启辉器玻璃泡内两电极接触，电场消失，使氖气停止放电。从而玻璃泡内温度下降，双金属片因冷却而恢复原来状态，致使启辉电路断开。此时，由于镇流器中的电流突变，在镇流器两端产生一个很高的自感电动势，这个自感电动势和电源电压串联叠加后，加在灯管两端形成一个很强的电场，使管内水银蒸气产生弧光放电，工作电路在弧光放电时产生的紫外线激发了灯管壁上的荧光粉使灯管发光，由于发出的光近似日光故称为日光灯。在日光灯进入正常工作状态后，由于镇流器的作用加在启辉器两电极间的电压远小于电源电压（40 W 日光灯管的工作电压为 103 V），启辉器不再产生辉光放电，即处于冷态常开状态，而日光灯处于正常工作状态。

3. 电容器故障测试及容量鉴别

（1）故障测试

电容器常见故障有漏电、断路、短路，可用万用表来对其进行好坏判断。

① 漏电测试。用万用表的欧姆挡的 $R\times10$ k 或 $R\times1$ k，测电容器的漏电电阻。用两表笔分别接触电容器的引线端子，万用表指针将先摆向零，然后慢慢反向退回到无穷大附近。当指针稳定后所指示值即为该电容器的漏电电阻。若指针离无穷大较远，表明电容器漏电严重，不能使用。

② 断路测试。用万用表两表笔分别接触电容器的引线端子，如表针不动，将表笔对调后再测试，若表笔仍不动，说明电容器已断路。

测试时应根据电容器的容量选择万用表的欧姆挡。容量越小选择挡级越高。对于 0.01 μF 以下的小电容，用万用表不能判断其是否断路，只能用其他仪表进行鉴别（如 Q 表、电容表等）。对于 0.01 μF 以上的电容器用万用表测量时，必须根据电容容量的大小，选取合适量程才能正确判断。如测 0.01～0.47 μF 的电容器用 $R\times10$ k 挡；测 0.47～10 μF 的电容器用 $R\times1$ k 挡；测 10～300 μF 电容器用 $R\times100$ 挡；测 300 μF 以上电容器可用 $R\times10$ 挡或 $R\times1$ 挡。

③ 电容器短路测量。用万用表的 $R\times1$ 挡，两表笔分别接电容器两端，如指示值很小或为零，且指针不返回，说明电容器已被击穿，不能使用。

(2) 电容器容量的标示方法

电容器容量的标示方法主要有直标法、色标法两种。

① 直标法。一般标注在电容器的外壳上，可直接读取。国际电工委员会推荐的标示方法(p、n、u、m 表示法)：用 2～4 位数字表示容量的有效数字，再用字母表示数值的量级。如：1p2 表示 1.2 pF；220n 表示 220 nF；3u5 表示 3.5 μF；2m6 表示 2 600 μF。

② 色标法。原则上与电阻器的色标法相同，规定见表 2-2，其单位是 pF。若电容器的标注被擦除或看不清时，可用电容表进行测量。

(3) 电解电容器极性的判别

电解电容器的正、负极性不允许接错，当极性接反时，因电解液的反向极化，可能引起两电解电容器的爆裂。当极性标记无法辨认时，可根据正向连接时漏电电阻大、反向相对小的特点判别极性。用万用表测量电解电容器的漏电阻，然后将两表笔对调再测一次。将两次测得的阻值对比，漏电阻小的那一次，黑表笔所接触的就是电解电容器的负极。

4. 电感器故障测试及容量鉴别

电感器常见的故障为断路。用万用表的欧姆 $R\times10$ 挡或 $R\times1$ 挡测电感器的阻值，若无穷大，表明电感器断路，若电阻值很小，表明电感器正常。常用固定电感器的电感量一是用数字直接标在外壳上，可直接读取。若数字不清或被擦除，则必须用高频 Q 表或电桥等仪器进行测量。

5. 并联电容器提高功率因数

电感性负载由于有电感的存在，功率因数都较低，因此必须设法提高电感性负载的功率因数。常用的方法是在电感性负载的两端并联一个容量适当的电容器，图 2-20 电路图及图 2-21 相量图所示为并联电容器提高功率因数原理。

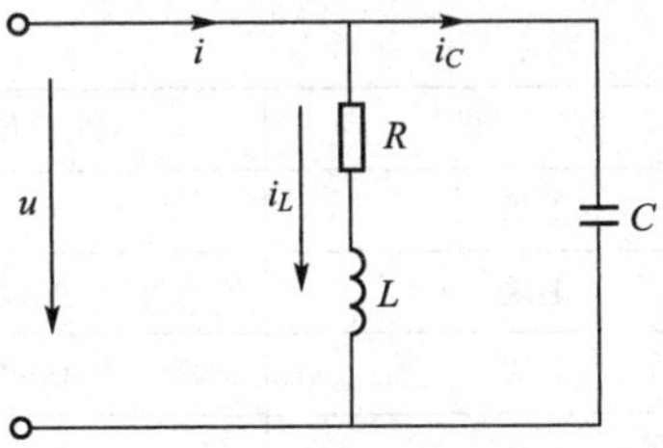

图 2-20　电路图

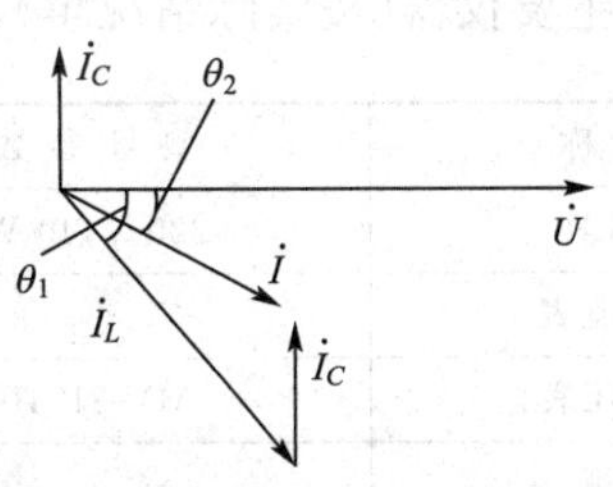

图 2-21　相量图

日光灯电路可近似地当做 RL 串联电路看待。并联电容器前电路的功率因数较低，一般为 0.5 左右。并联适当的电容器后，功率因数可大大提高(可提高到 0.9 左右)。功率因数可用公式 $\cos\theta=\dfrac{P}{UI}$ 计算。所需并联的电容器值可以按下式计算

$$C=\frac{P}{2\pi fU^2}(\tan\theta_1-\tan\theta_2)。$$

三、实验内容

1. 日光灯电路的安装

如图 2-22 所示的日光灯实验电路，按口诀“日光灯管长又长，四个插头分两旁。一边一个接启动，还有两个不要慌。先串镇流和开关，一同并到电源上。”接好电路（暂不接电容箱），检查接线无误后，通电观察启动过程。

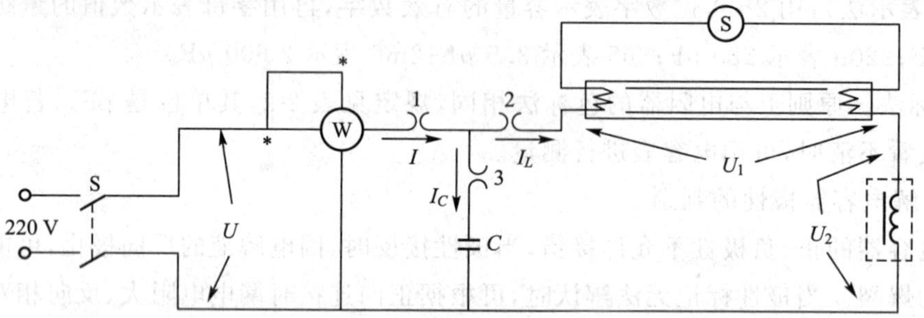

图 2-22　日光灯实验电路

2. 电流、电压和功率的测量

日光灯正常发光后，用交流电压表（或万用表交流电压 250 V 挡）分别测量端电压 U、灯管两端的电压 U_1 和镇流器两端的电压 U_2。再用交流电流表在插孔“2”处测量电路电流 I_L，同时观测功率表读数。将测量到的数据记入记录表。

3. 并联电容后的测量

并联电容（箱），根据图 2-22 接通电源后，改变电容箱中的电容值（可分别取 1 μF、2.5 μF、5 μF），用交流电流表在插孔 1、2、3 处测电流 I、I_L、I_C 的变化情况，并测量功率表的读数。将各次测量和观察到的数据记录下来，比较日光灯并联电容前、后功率因素的变化情况。

四、记录作业

① 选用主要仪器（按实际情况填）。

名　　称	型 号 参 数	数　　量	推荐仪器参数
日光灯具	220 V，40 W	1 组	
交流电流表		1 块	0～0.5 A
交流电压表	MV-2174B	1 块	0～220 V
电容箱		1 台	0～10 μF
单相交流功率表	D26-W	1 块	300 V/1 A

② 完成实验内容要求的有关数据记录、计算。

并联电容器前的测量与计算					
I_L/A	P/W	U/V	U_1/V	U_2/V	$\cos\theta=P/(UI_1)$

并联电容后的测量与计算					
$C/\mu F$	I/A	I_L/A	I_C/A	P/W	$\cos\theta=P/(UI)$

③ 日光灯电路在并联电容前后的总功率有无变化？根据实验数据说明提高功率因数有何重要意义？

实验十　串联谐振电路

一、实验目的

① 验证电压和电流的相位关系；

② 了解电流与频率的关系，掌握谐振条件及特点；

③ 掌握低频信号发生器，了解双踪示波器的使用方法。

二、实验原理说明

1. RLC 串联电路电流频率特性

由于 $X_L=2\pi fL$、$X_C=(2\pi fC)^{-1}$，而 $I=U/Z=U/\sqrt{R^2+(X_L-X_C)^2}$，所以电路属性与电路参数 L、C 及电源频率 f 有关。电源频率 f 一定时，电路属性由 L、C 的大小决定；而在 L、C 定值时，RLC 串联谐振如图 2-23(a)所示，f 变为决定电路属性及电路中电流的关键因素。

2. RLC 串联电路的谐振

当电路中 $X_L=X_C$ 时，称为串联谐振。当如图 2-23 所示 RLC 串联谐振时：

① 电路阻抗最小($z=R$)，电流为最大值($I_0=U/R$)。

② 电源电压与电路中电流同相，电路呈电阻性。

③ $U_L=U_C=QU$，品质因数 $Q=\omega_0 L/R$。

④ 谐振频率(理论值) $f_0=1/2\pi\sqrt{LC}$。

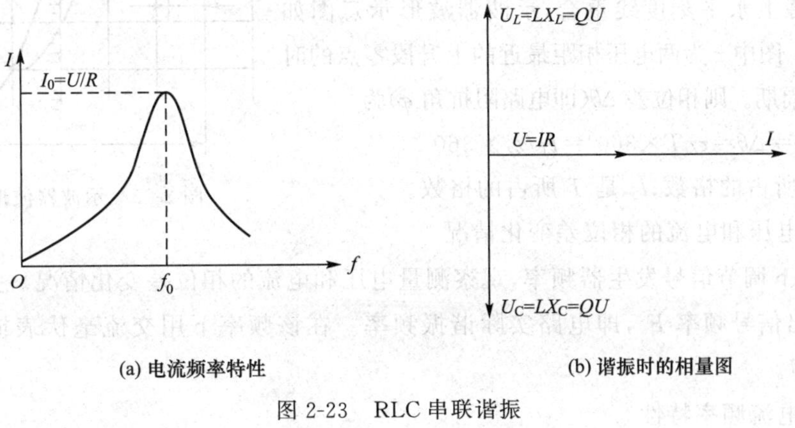

图 2-23　RLC 串联谐振

三、实验内容

1. 连接实验线路

元件参数及实验线路与实验八相同(多一插孔),RLC 串联谐振实验线路图如图 2-24 所示,调节信号发生器输出频率 f_0 左右、电压为 3 V 的正弦波。

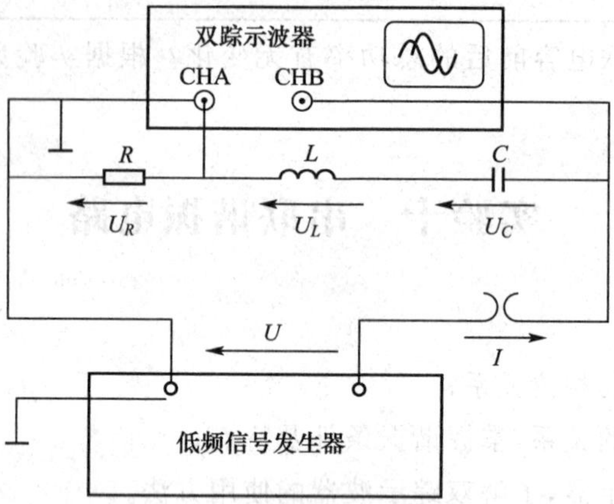

图 2-24 RLC 串联谐振实验线路图

2. 用示波器测量正弦波的幅值和频率

将电阻 R 上的电压 U_R,送入双踪示波器的 A 输入端,调节示波器显示出清晰稳定的波形。

由显示波形测量 U_R 的幅值和频率,并比较测得频率与信号发生器的输出信号频率。

用示波器显示波形测出正弦波正、负最大值之间的电压 U_{PP}、周期 T。则幅值(最大值)、频率分别为:$U_m = U_{PP}/2$、$f=1/T$。而电压表测出的是有效值 $U=U_m/\sqrt{2}$。

3. 测量电压和电流的相位差

用已送入双踪示波器的 A 输入端的电压 $U_R=iR$ 代表电流 i,将信号发生器输出电压 U 送入双踪示波器的 B 输入端,调节示波器显示出清晰稳定的波形,并使两波形的水平中心线与屏幕上水平刻度线重合,示波器波形示意图如图 2-25 所示。图中 τ 为两电压相距最近的上升段零点的时间间隔,T 为周期。则相位差 $\Delta\theta$(即电路阻抗角 φ)为

$$\varphi=\Delta\theta=\tau/T\times 360°=l_1/l_2\times 360°$$

式中,l_1 是 τ 所占的格数;l_2 是 T 所占的格数。

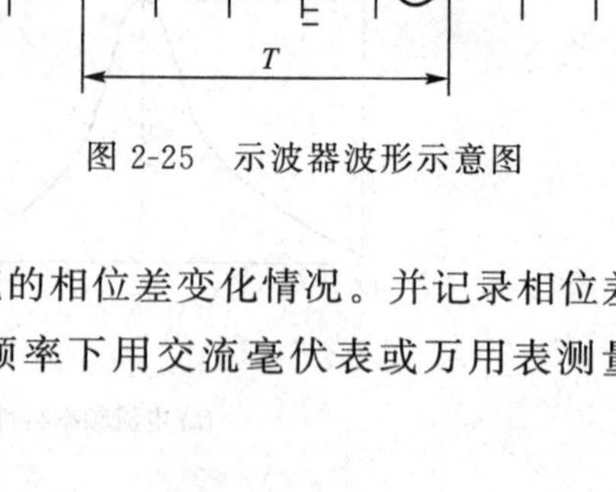

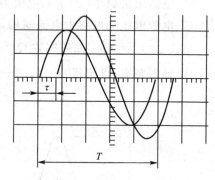

图 2-25 示波器波形示意图

4. 观察电压和电流的相位差变化情况

在 f_0 上下调节信号发生器频率,观察测量电压和电流的相位差变化情况。并记录相位差为零时的输出信号频率 F_0,即电路实际谐振频率。在该频率下用交流毫伏表或万用表测量 U_R、U_L、U_C、U。

5. 绘制电流频率特性

把高频电流表接在线路插孔处,将始终保持信号发生器输出 3 V 电压不变,分别调节信号

发生器频率.观察毫安表中电流最大时的频率，此频率即为电路实际的谐振频率 F_0。此时，电路处于谐振状态。

测出谐振电流后，再在谐振点左右测几个电流值，在谐振点附近可多测几个点。将测量数据记录下来，并根据所测电流和其对应的频率，用描点法画出电流谐振曲线。

四、记录作业

① 选用主要仪器(与实验八基本相同)，增加双踪示波器 1 台型号为：__________。

② 完成实验内容要求的有关数据记录、计算。

据所测数据填写：RLC 串联谐振特点		
谐振频率 F_0＝　　　　(kHz)		
U_R＝	谐振电流 I_0＝	最(　)
U_L＝	电路阻抗值 $Z=U/I_0$＝	最(　)
U_C＝	$\cos\varphi$＝	
U＝	电路属性	

电流频率特性

f/kHz															
I/mA															

③ 根据以上数据绘制电流频率特性曲线。

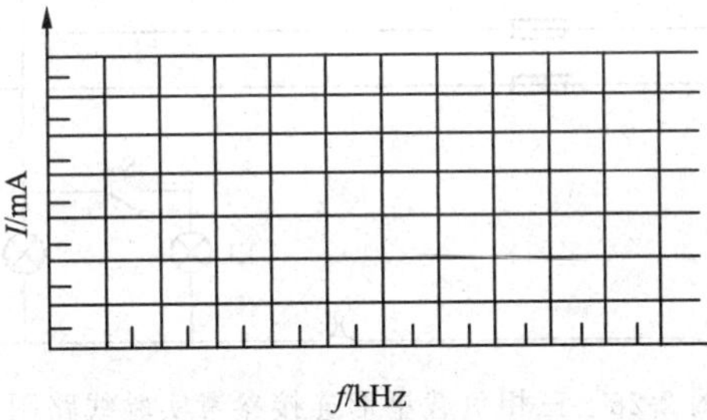

实验十一　三相交流电路的测试(负载星形连接)

一、实验目的

① 熟悉三相负载的星形连接方式；

② 验证对称三相电路中，线电压和相电压、线电流和相电流之间的关系；

③ 观察三相不对称负载做星型连接时，中线的重要作用。

二、实验原理说明

① 三相负载有两种接法：当三相负载的额定电压与电源的线电压相同时，应接成三角形；当三相负载的额定电压等于电源相电压时，则应接成星形。星形接法是将三相电源绕组或负载的一端都接在一起构成中性线，由于均衡的三相电的中性线中电流为零，故也叫零线，三相电源绕组或负载的另一端的引出线，分别为三相电的三个相线。远程输电时，只使用三根相线，形成三相三线制。到达用户的电路，往往涉及 220 V 和 380 V 两种电压，需三根相线和一

根零线，形成三相四线制。为避免用户漏电形成的触电事故，还要添加一根地线，这时就有三根相线，一根零线和一根地线，故也有三相五线制的说法。

负载星形连接的三相电路时对称负载有以下特点：

$$U_1=\sqrt{3}U_p,I_1=I_p,\ I_N=0$$

不对称负载（三相四线制）特点为：

$$U_1=\sqrt{3}U_p,I_1=I_p,I_N\neq 0$$

② 中线的作用。当三相负载对称时，因中线电流为零，有无中线无关紧要。三相负载不对称时，若中线一旦断开，虽然线电压保持不变，仍然是对称的，但各项电压要重新分配，相电压不再对称（各相负载承受的电压高低不等）致使负载不能正常工作，严重时造成重大事故。因此不对称负载在星型连接时，必须有作为三相电流公共通路的中线。

中线的作用在于：不论负载大小如何变动，使三相负载各相承受的电压等于电源的相电压，确保各相负载电压对称均能正常工作。所以中线在三相四线制供电中起着重要的作用，为防止中线断开，中线上不允许接熔断器和开关。

三、实验内容

三相对称负载采用 15 W/22 V 的白炽灯。按图 2-26 三相负载星形连接参考实验线路图接好电路图。

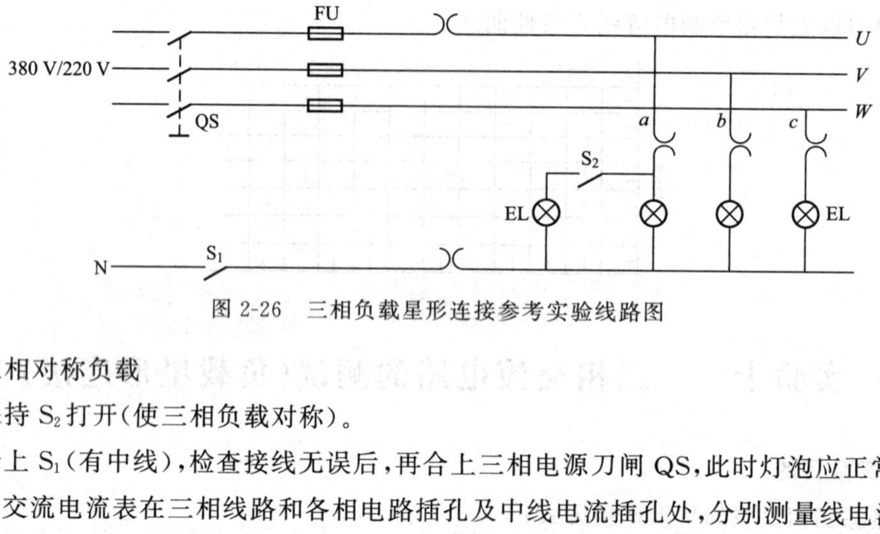

图 2-26　三相负载星形连接参考实验线路图

1. 三相对称负载

① 保持 S_2 打开（使三相负载对称）。

② 合上 S_1（有中线），检查接线无误后，再合上三相电源刀闸 QS，此时灯泡应正常发光。

③ 用交流电流表在三相线路和各相电路插孔及中线电流插孔处，分别测量线电流 I_U 和负载相电流 I_a、I_b、I_c 以及中线电流 I_N。

④ 用万用表交流电压挡 750 V 挡，分别测量线电压 U_{UV}、U_{VW}、U_{WU} 和每相负载相电压 U_{ON}、U_{VN}、U_{WN}。

⑤ 将 S_1 打开（即断开中线），在无中线情况下重复步骤②和③的过程

2. 三相不对称负载

① 合上 S_2（使三相负载不对称）。

② 合上 S_1（有中线），检查接线无误后，再合上三相电源刀闸 QS，此时灯泡应正常发光。

③ 测量有中线时 I_U、I_a、I_b、I_c、I_N、U_{UV}、U_{VW}、U_{WU}、U_{UN}、U_{VN}、U_{WN}。

④ 用万用表交流电压挡 750 V 挡，分别测量线电压 U_{UV}、U_{VW}、U_{WU} 和每相负载相电压 U_{ON}、U_{VN}、U_{WN}。

⑤ 不接 c 相灯泡（一相断开），在合上 S_1（有中线）和打开 S_1（无中线）两种情况下，观察三个灯泡发光情况，并分别测量 I_U、I_a、I_b、I_c、I_N、U_{UV}、U_{VW}、U_{WU}、U_{UN}、U_{VN}、U_{WN}。

⑥ 断开三相电源，并将上述所有测量值填入记录表中。

四、记录作业

① 选用主要仪器（按实际情况填）。

名　　称	型号参数	数　量	推荐仪器参数
交流电流表		1 块	0～0.5 A
万用表或交流电压表		1 块	0～500 V
白炽灯泡		6+2 只	220 V/40 W
380 V/220 V 三相四线制交流电源			

② 完成实验内容要求的有关数据记录。

三相负载的星形连接												
负　载	中线	I_U	I_a	I_b	I_c	I_N	U_{UN}	U_{VN}	U_{WN}	U_{UV}	U_{VW}	U_{WU}
对称（S_2打开）	有（S1 闭合）											
	无（S1 打开）											
不对称（S_2闭合）	有（S1 闭合）											
	无（S1 打开）											
不对称（C 相断开）	有（S1 闭合）											
	无（S1 打开）											

实验十二　三相交流电路的测试（负载三角形连接）

一、实验目的

① 学习三相负载的三角形连接方式；

② 学习对称三相电路中，线电压和相电压、线电流和相电流之间的关系。

二、实验原理说明

三相负载有两种接法：当三相负载的额定电压与电源的线电压相同时，应接成三角形。三相电的三角形接法是将各相电源或负载依次首尾相连，并将每个相连的点引出，作为三相电的三个相线。三角形接法没有中性点，也不可引出中性线，因此只有三相三线制。添加地线后，成为三相四线制。负载三角形连接的三相电路有以下特点：当负载对称时

$$U_1=U_p, I_1=\sqrt{3}I_p$$

当负载不对称时

$$U_1=U_p, I_1\neq\sqrt{3}I_p$$

三、实验内容

1. 三相对称负载

三相对称负载采用每相两盏 15 W/220 V 白炽灯的串联。按图 2-27 三相负载三角形连接参考实验线路图接好线路。合上 S_1 负载检查接线无误后，再合上三相电源刀闸 QS，此时灯泡亮度应该一样。

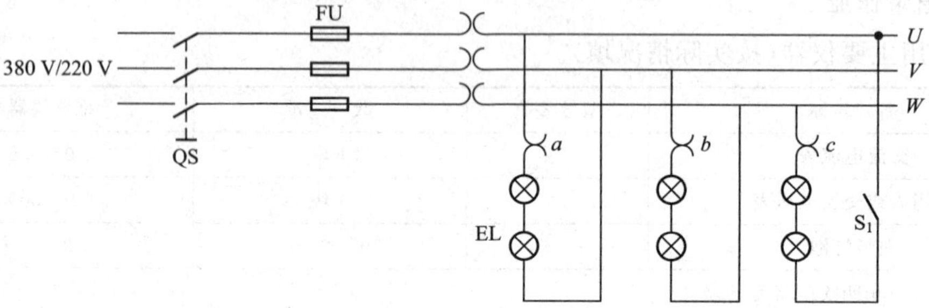

图 2-27 三相负载三角形连接参考实验线路图

用交流电流表在三相线路和各相电路插孔处，分别测量线电流 I_U、I_V、I_W 和相电流 I_a、I_b、I_c。用万用表交流电压 750 V 挡，分别测量线电压 U_{UV}、U_{VW}、U_{WU}。以及负载相电压 U_{aV}、U_{bW}、U_{cU}。

2. 三相不对称负载

将 a 相换成两盏 45 W/220 V 的白炽灯的串联，构成三相不对称负载。检查接线无误后，再合上三相电源刀闸 QS。分别测量 I_U、I_V、I_W、I_a、I_b、I_c、U_{UV}、U_{aV}、U_{bW}、U_{cU}。

电路同上，打开 S1(一相断开)，观察另外两相灯泡发光情况。再次测量各相线电流、电压。断开三相电源，并将上述所有测量值填入记录表中。

四、记录作业

① 选用主要仪器。

名　称	型号参数	数　量	推荐仪器参数
交流电流表		1 块	0～0.5 A
万用表或交流电压表		1 块	0～500 V
白炽灯泡		6+2 只	220 V/40 W

② 完成实验内容要求的有关数据记录。

负载类型	I_U	I_a	I_b	I_c	I_N	U_{UN}	U_{VN}	U_{WN}	U_{UV}	U_{VW}	U_{WU}
对称(S_1闭合)											
不对称(S_1闭合 a 相换灯)											
不对称(S_1打开 c 相断开)											

第三部分 基础实训

基础实训一 常用电工仪表的使用

一、知识目标

常用的电工仪表有万用表、钳形表、兆欧表等，它们是电工必备的“利器”。利用这些电工仪表，可以轻松地测出各电压、电流、电阻、绝缘性能等参数性能。通过对这些参数的分析，可以判定电气设备是否正常，并可判断故障的类型和故障部分(如果异常)。掌握了电工仪表的使用，可以为从事低压电气设备安装、维护、维修的学员打好坚实的基础。万用表的相关知识已在第二部分的电工基础实验一中介绍，本实训主要介绍兆欧表和钳形电流表的使用。

二、内容要求

1. 钳形电流表

钳形电流表简称钳形表。用普通电流表测量电路中的电流，需要将被测电路断开，串入电流表后才能完成电流的测量工作，这在测量较大电流时非常不便。而钳形表可以直接用钳口夹住被测导线进行测量，这使得电工测量过程变得简便、快捷，从而得到广泛应用。尽管钳形表有多个种类，但工作原理和使用方法基本相同。我们应着重掌握使用方法，以及用钳形表来帮助我们分析和解决实践中遇到的问题。

(1) 钳形表的工作原理

钳形表是在万用表的基础上，添加电流传感器后组合而成的，故一般钳形表都具有万用表的基本功能，除了电流测量范围及电表接入方式不同外，其他与万用表基本相同。钳形表的电流传感器的工作原理有互感式、电磁式、霍尔式 3 种。常见的钳形表多为互感式，下面简要介绍其工作原理。互感式钳形表是利用电磁感应原理来测量电流的，其工作原理如图 3-1 所示。

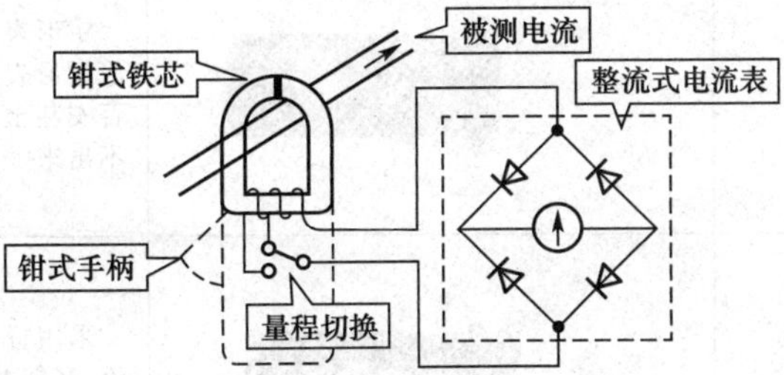

图 3-1 互感式钳形表的工作原理图

电流互感器的铁心呈钳口形，当紧握钳形表的把手时，其铁心张开，将被测电流的导线放入钳口中。松开把手后铁心闭合，通有被测电流的导线就成为电流互感器的原边，于是在副边就会产生感应电流，并送入整流式电流表进行测量。电流表的刻度是按原边电流进行标度的，所以仪表的读数就是被测导线中的电流值。互感式钳形表只能测交流电流。

（2）钳形表的分类和特点

根据原理、用途、外形特点等钳形表有多种不同类型，钳形表的分类及特点见表 3-1。

表 3-1　钳形表的分类及特点

分类方式	类　型	图　例	特　点
显示方式	指针式		测量结果通过指针方式指示，结构简单；指针能直观反映示数的变化；电流测量是无源的，即不用电池也可测量。但不能承受剧烈撞击，读数不直观
	数字式		测量结果通过数字方式指示，读数直观、准确，功能多，能承受一定的撞击而不损坏
电流传感器原理	互感式		该类型钳形电流表是由电流互感器和电流表组合而成的，用测量钳口只能测量交流电流，且一般准确度不高，通常为 2.5～5 级
	霍尔式		该类型钳形电流表用霍尔传感器作为电流传感器，霍尔效应较敏感，能够用测量钳口测量直流和交流电流，电流钳口与电流互感器式电流钳口没有区别，区别在于测量精度及测量电流种类
	电磁式		该类型的钳形表，其测试仪表中心的磁通直接驱动于读数的铁片游标，用于直流或交流电流的测量，并给出了一个真正的非正弦交流波形的有效值
电流测量范围	大电流		钳形表容易测量非常大的电流，故一般钳形表的电流测量范围在几十安到几百安甚至几千安，而毫安级电流则测量不出来
	微电流		采用特殊钳口设计，既能测量微小电流，又能测量大电流，同时可以测量电路漏电所产生的泄漏电流

续表

分类方式	类　型	图　例	特　点
适用电压范围	低压		只能用在低压范围，才能保证操作人员的安全，不能用在高压测量中，否则对操作人员会产生安全事故
	高压		由于采用了特殊操作规范，专门用于电力高压电网的电流测量，并能保证操作人员的安全
钳口形式	闭口式	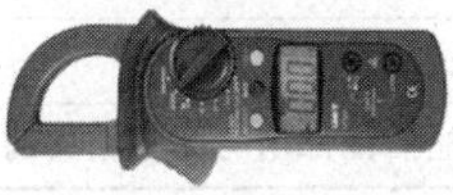	电流钳口虽然在测量过程中可以张开和闭合，但在测量计数时，钳口必须闭合才能准确读数
	开口式		电流钳口是张开的，不需要钳口张开扳机，测量时只要将被测导线卡入钳口即可，测量更便捷

(3) 常用钳形表结构、面板及说明

1) MG28A 型指针式钳形表结构及面板

MG28A 型指针式钳形表的钳口可根据实际需要安装和分离，其面板结构如图 3-2 所示，各部分功能见表 3-2。

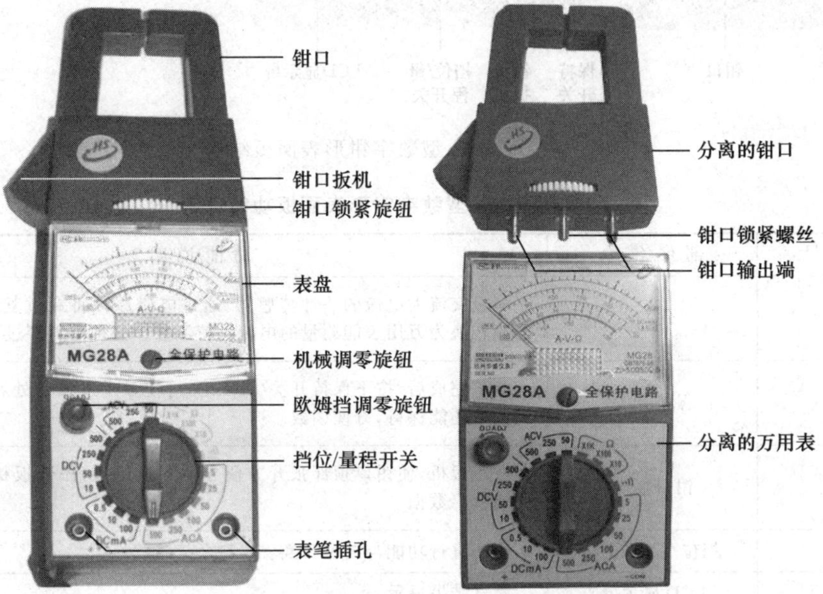

图 3-2　MG28A 型指针式钳形表面板结构

表 3-2　MG28A 型指针式钳形表面板功能说明

结构部位	功能说明
钳口	测量交流大电流的一种传感器，通过电磁原理将穿过其中的导线中的电流转换为万用表能测量的电流。待测导体必须垂直穿过钳口中心
钳口扳机	按压扳机，使钳口顶部张开方便导体穿过钳口，松开扳机钳口闭合后才能读数测量
钳口锁紧旋钮	在用作一般万用表使用时，用此旋钮分离钳口与表头
钳口锁紧螺丝	配合钳口锁紧旋钮，锁紧钳口与表头
钳口输出端	钳口转换后的电流由此端口进入表头进行测量
表盘	显示各种测量结果
机械调零旋钮	当不进行测量，指针不在左边零刻度时，可用此旋钮将指针调到左边零刻度处
欧姆挡调零旋钮	使用电阻挡时，每次换挡都要用此旋钮进行电阻调零
挡位/量程开关	用于进行功能与挡位转换
表笔插孔	除了测量交流大电流，其他挡位都用与此孔相连的表笔进行测量

2）DM6266 型数字钳形表结构及面板

DM6266 型数字钳形表是一款应用很普遍的钳形表，有很多厂家都生产这款钳形表，型号后缀数字都是“6266”，结构与使用方法完全相同。其面板结构如图 3-3 所示，各部分功能见表 3-3。

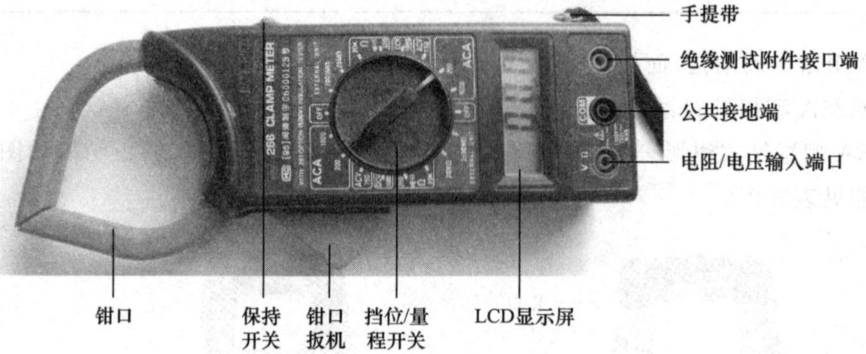

图 3-3　DM6266 型数字钳形表面板结构

表 3-3　DM6266 型数字钳形表面板功能说明

图 3-3 中标号	部件名称	功能说明
①	钳口	测量交流大电流的一种传感器，通过电磁原理将穿过其中的导线中的电流转换为万用表能测量的电流。待测导体必须垂直穿过钳口中心
②	保持开关	测试完成后，按下保持开关(HOLD)可使显示屏读数处在锁定状态，测试读数还能保持，方便读数
③	钳口扳机	按压扳机，使钳口顶部张开方便导体穿过钳口，松开扳机，钳口闭合后才能读出数据
④	挡位/量程开关	用于进行功能与挡位转换
⑤	LCD 显示屏	测试结果显示

续表

图 3-3 中标号	部 件 名 称	功 能 说 明
⑥	电阻/电压输入端口	测量电阻、电压时,红表笔接该端口,黑表笔接“COM”端口
⑦	公共接地端	测试公共接地端口
⑧	绝缘测试附件接口端	本表通过附加 DT261 高阻附件可进行绝缘电阻测试,插接附件时用到此端口
⑨	手提带	方便携带的提带

(4) DM6266 型数字钳形表使用方法

钳形表有很多型号、种类和款式。不同厂家、不同型号的钳形表,其外壳的形状和键钮的部位也是不同的,但很多基本的键钮标记、功能和使用方法都是相同的,一般只有个别的键钮是不同的。深入了解一个典型的钳形表键钮标记和调整方法,对于其他钳形表的使用是很有用的。这里以常用 DM6266 型数字钳形表为示例进行说明。

1) 交流电流测量

① 将挡位开关旋至“AC1000A”挡,如图 3-4(a)所示。

(a) 测量交流电流挡位选择　　(b) 测量交流电流导线夹持方式

图 3-4　交流电流测量

② 保持开关(HOLD)处于松开状态。

③ 按下钳口开关,钳住被测电流的一根导线,如图 3-4(b)所示。(钳口夹持 2 根以上导线无效,而高灵敏度的霍尔式钳形表可用此方式夹 2 根以上导线,测量电路泄漏电流。)交流电流测量导线错误夹持见图 3-5。

④ 读取数值时,如果读数小于 200 A,挡位开关旋至“AC200A”挡,以提高准确度。如果因环境条件限制,在暗处无法直接读数,可按下保持开关,拿到亮处读取,读数保持功能如图 3-6 所示。

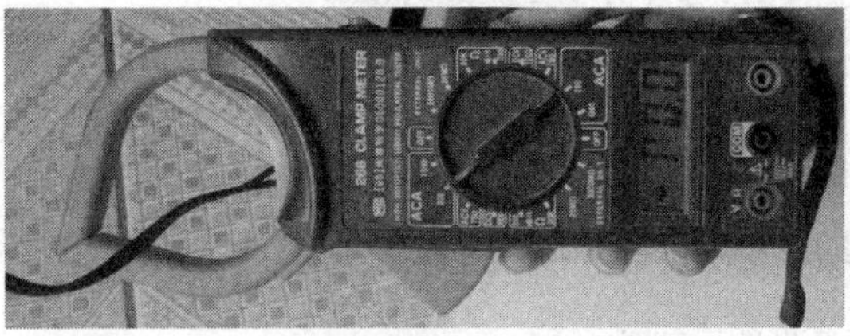

图 3-5　交流电流测量导线错误夹持

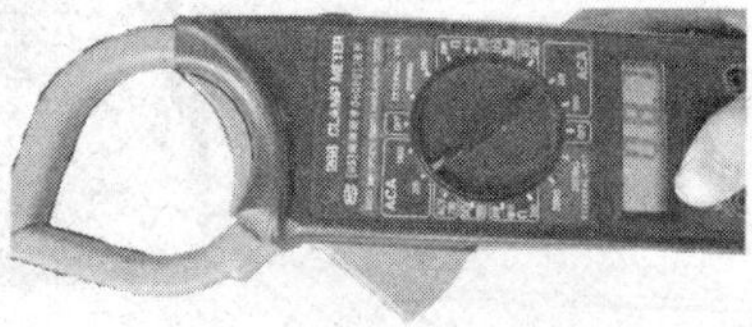

图 3-6　读数保持功能运用

2) 交、直流电压测量

① 测量直流电压时,挡位开关旋至“DC1000V”挡,如图 3-7(a)所示;测量交流电压时,挡

位开关旋至“AC750V”挡，如图 3-7(b)所示。

(a) 直流电压测量挡位位置　　(b) 交流电压测量挡位位置

图 3-7　交、直流电压测量挡位位置

② 保持开关处于松开状态。

③ 红表笔接“V/Ω”端，黑表笔接“COM”端。

④ 红、黑表笔并联到被测电路，如图 3-8 所示。

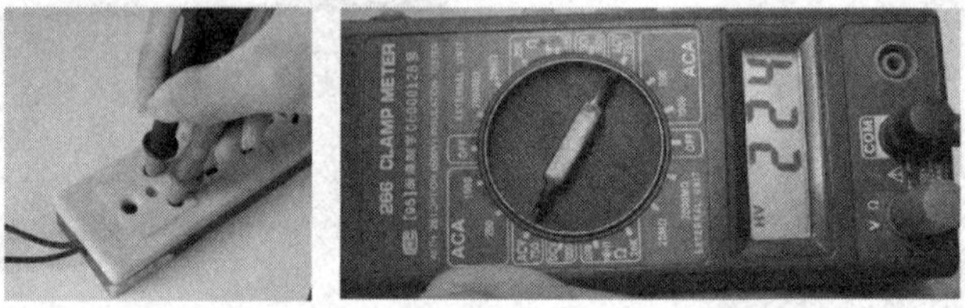

图 3-8　红、黑表笔并联到被测电路

3）电阻测量

① 将挡位开关旋至适当量程的电阻挡。

② 保持开关处于放松状态。

③ 红表笔接“V/Ω”端，黑表笔接“COM”端。

④ 红、黑表笔分别接被测电阻的两端，测在线电阻时，电路应切断电源，与电阻所连接的电容应完全放电，电阻测量示意图如图 3-9 所示。

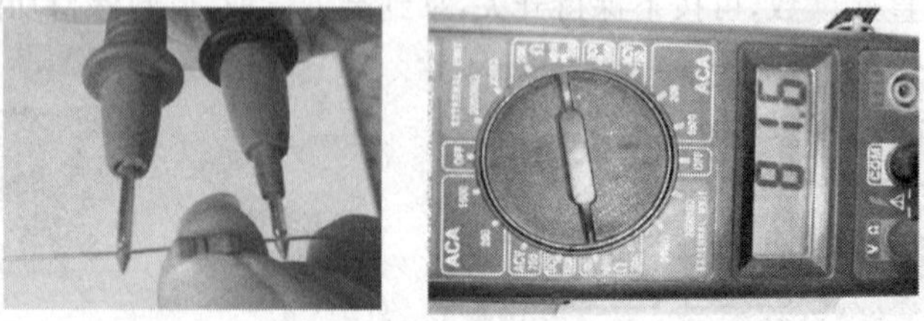

图 3-9　电阻测量示意图

4）通断测试

① 将挡位开关旋至“200 Ω”挡，位置如图 3-10 所示。

② 红、黑表笔分别接“V/Ω”端和“COM”端。

③ 如果红、黑表笔间的电阻小于几十欧(关于该数值,有的仪表为 50 Ω 左右,有的为 90 Ω 左右,不同类型的仪表有差异)时,内置蜂鸣器发声。

5) 高阻测量

① 正常情况下,将挡位开关旋至“EXTERNAL UNIT”20 MΩ 或 2 000 MΩ 挡,显示值是不稳定的,处于游离状态。

② 将如图 3-11 所示的 DT261 测试附件三个插头对应插入钳形表的三个输入插孔。

③ 钳形表挡位开关、测试附件量程开关置于 2 000 MΩ 位置。

④ 测试附件输入端接被测电阻。

⑤ 测试附件电源开关置于“ON”位置,按下“PUSH”键,指示出被测值,如果读数小于 19 MΩ,钳形表挡位开关与测试附件的量程开关均选择 20 MΩ,以提高准确度。如果测试附件低电压指示灯亮,应更换电池(4 节 1.5 V 5 号电池)。

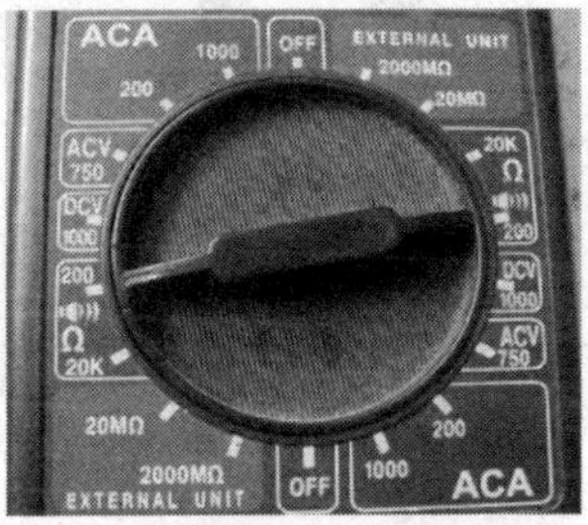

图 3-10 通断测量挡位位置

图 3-11 DT261 测试附件

(5) 指针式钳形表的使用方法

下面以指针式钳形表为例进行介绍,其测量步骤如图 3-12 所示。

① 测量前,检查钳形表铁芯的橡胶绝缘是否完好,钳口应清洁、无锈,闭合后无明显的缝隙。

② 估计被测电流的大小,选择合适量程,若无法估计,应从最大量程开始测量,逐步变换。

③ 改变量程时应将钳形表的钳口断开。

④ 为减小误差,测量时被测导线应尽量位于钳口的中央,并垂直于钳口。

⑤ 测量结束,应将量程开关置于最高挡位,以防下次使用时由于疏忽未选准量程进行测量而损坏仪表。

2. 兆欧表的使用方法和技巧

在电动机、电器和供电线路中,绝缘性能的好坏对电力设备的正常运行和安全用电起着至关重要的作用。表示绝缘性能的参数是电气设备本身绝缘电阻值的大小,绝缘电阻值越大,其绝缘性能越好,电力设备线路也就越安全。前面所学用万用表的欧姆挡测电阻,是在低电压条件下测量电阻值。如果用万用表来测量电气设备的绝缘电阻,其阻值一般都是无穷大。而电气设备实际的工作条件是几百伏或几千伏,在这种工况下,绝缘电阻不再是无穷大,可能会变得比较小。因此测量电气设备的绝缘电阻要根据电气设备的额定电压等级来选择仪表。兆欧表是一种专用于测量绝缘电阻的直读式仪表,又称绝缘电阻测试仪。兆欧表是专用于测量电气设备绝缘性能的仪表,有手摇式和电子式两种,读者应知道其基本的测量原理,着重于掌握测量方法。

步骤① 选择量程。

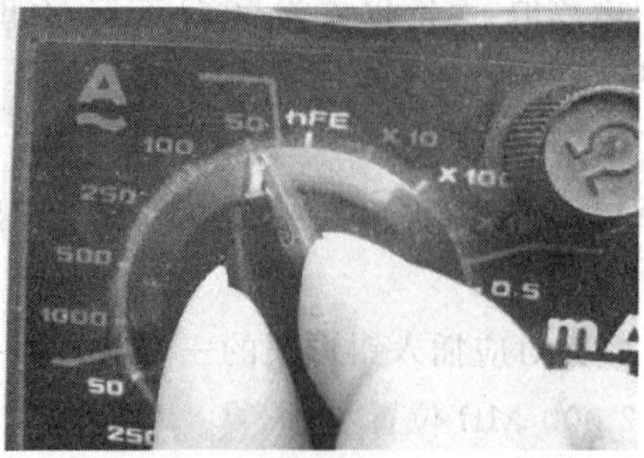

方法：量程要比所测电压大，同时又尽量接近

步骤② 用手按下钳口扳机，张开两爪。

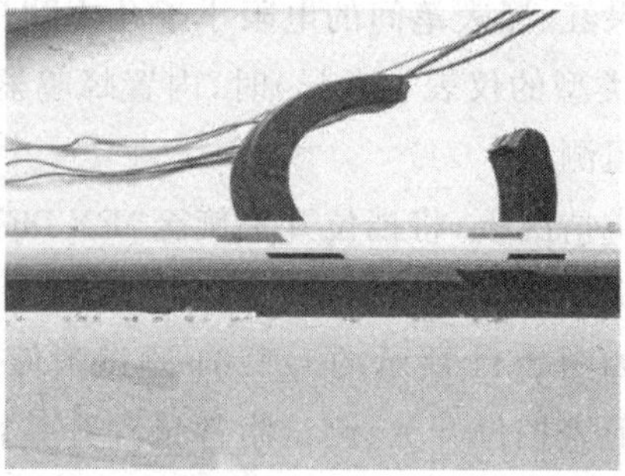

步骤③ 使被测电流的导线位于爪中。

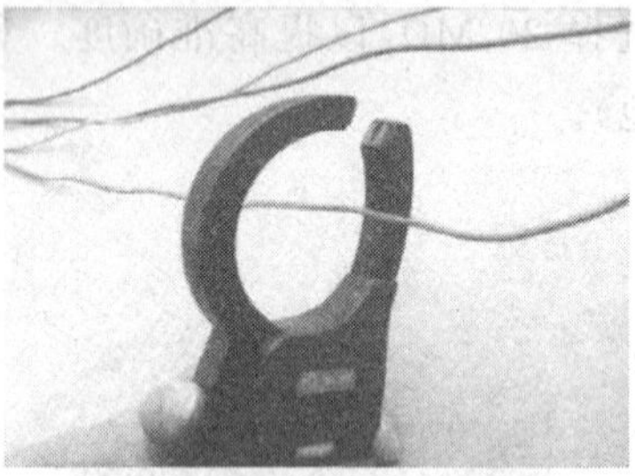

步骤④ 合上两爪。

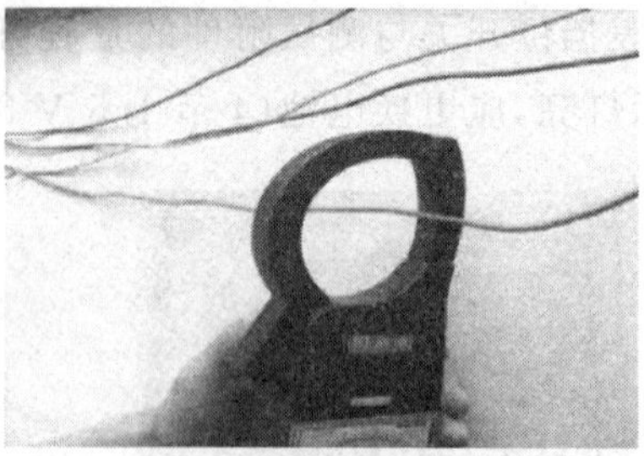

步骤⑤ 读数。

方法：与万用表测交流电压的读数方法相同

步骤⑥ 如果指针偏转太小，不便读数，可把导线在爪上缠绕数圈，以增大指针偏转角度。

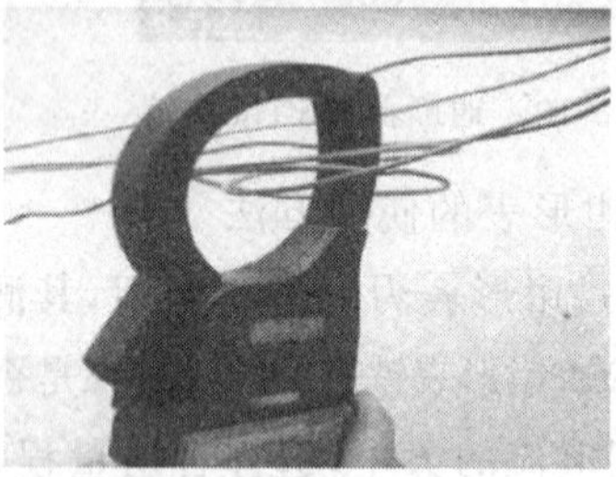

说明：读数除以圈数，就是导线中的电流

图 3-12 指针式钳形表测电流

(1) 兆欧表的分类和特点

常见兆欧表的分类和特点详见表 3-4。

表 3-4 常见兆欧表的分类和特点

类别	图示	特点
手摇式兆欧表		手摇式兆欧表由高压手摇发电机及磁电式双动圈流比计组成，具有输出电压稳定、读数正确、噪声小、振动轻等特点，且装有防止测量电路泄漏电流的屏蔽装置和独立的接线柱； 手摇式兆欧表有测试 500 V、1 000 V、2 000 V 等规格（注：该电压规格是与被测电气设备的工作电压相匹配的，即 1 000 V 的兆欧表宜用来测量工作电压为 1 000 V 以下的电气设备）

续表

类　别	图　　示	特　　点
电子式兆欧表	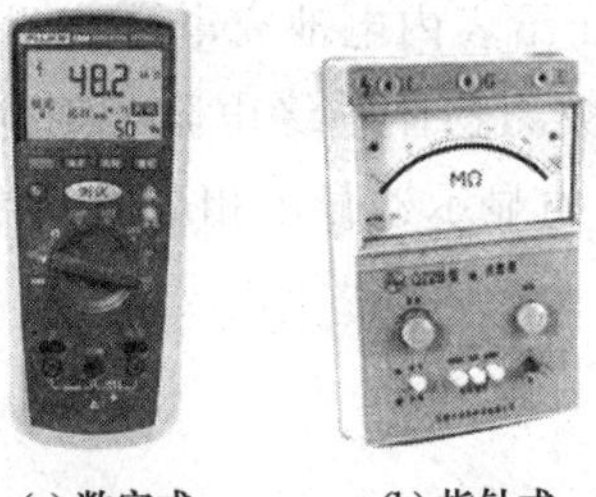(a) 数字式　(b) 指针式	电子式兆欧表采用干电池供电，带有电量检测，有模拟指针式和数字式两种。操作方便。 输出功率大、带载能力强，抗干扰能力强。 输出短路电流可直接测量，不需带载测量进行估算

（2）兆欧表的工作原理和面板介绍

1）手摇式兆欧表的工作原理

手摇式兆欧表的工作原理图如图 3-13 所示。

① 摇动直流发电机的手柄，发电机两端产生较高的直流电压，线圈 1 和线圈 2 同时通电。

② 通过线圈 1 的电流 I_1 与气隙磁场相互作用产生转动力矩 M_1；通过线圈 2 的电流 I_2 也与气隙磁场相互作用产生反作用力矩 M_2，M_1 与 M_2 方向相反。由于气隙磁场是不均匀的，所以转动力矩 M_1 不仅与线圈 1 的电流 I_1 成正比，而且还与线圈 1 所处的位置（用指针偏转角表示）有关。在测量 R_x 时，随 R_x 的改变，I_1 改变，而 I_2 基本不变。线圈 2 主要是用来产生反作用力矩的，这个力矩基本不变。

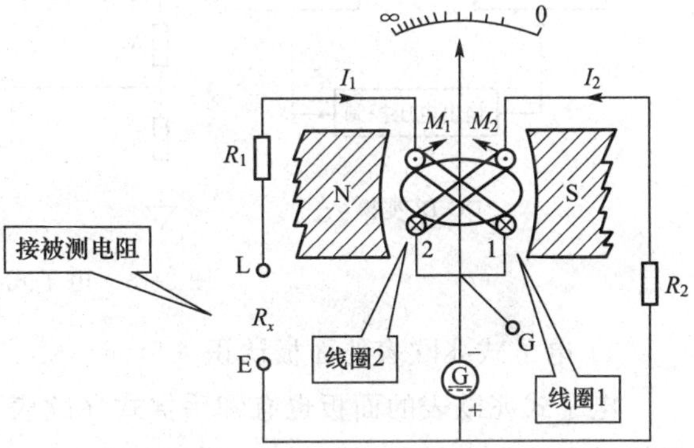

图 3-13　手摇式兆欧表的工作原理图

❖ 当 $R_x \to 0$ 时，I_1 最大，兆欧表的指针在转动力矩和反作用力矩的作用下偏转到最大位置，即“0”位置。

❖ 当 $R_x \to \infty$ 时，$I_1 \to 0$，指针在反作用力矩的作用下偏转到最小位置，即“∞”位置，所以兆欧表可以测量 0～∞之间的电阻。

2）手摇式兆欧表的面板认识

手摇式兆欧表的面板上主要有三个接线端子、刻度盘和摇柄，如图 3-14 所示。

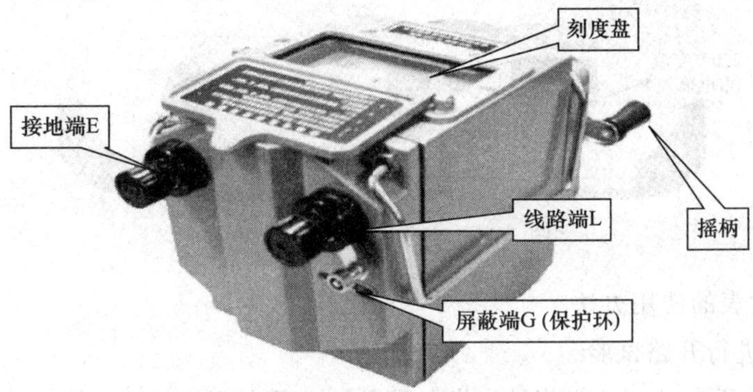

图 3-14　手摇式兆欧表的面板

3）电子式兆欧表的工作原理

电子式兆欧表一般由直流电压变换器将电池电压转换为直流高压作为测试电压（也有的电子式兆欧表还可以将 220 V 的交流电压转换为直流电压给表内电池充电），该测试电压施加于被测物体上，产生的电流经电流-电压变换器转换为与被测物体绝缘电阻相对应的电压值，再经模-数转换电路变为数字编码，然后经微处理器处理，由显示器显示相应的绝缘电阻值，其原理框图如图 3-15 所示。

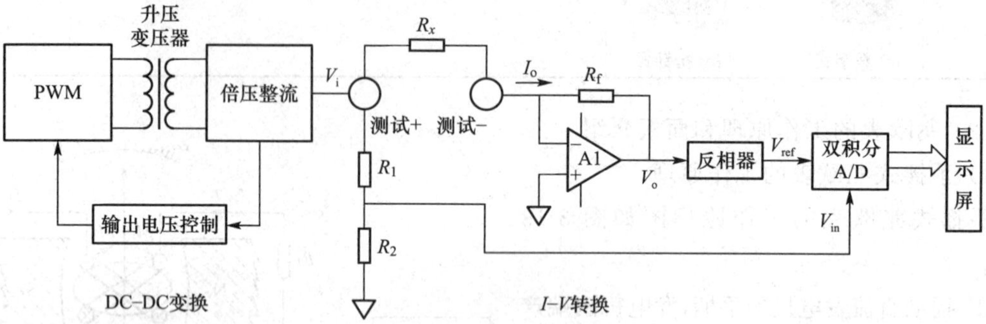

图 3-15　电子式兆欧表原理框图

4）电子式兆欧表的面板认识

电子式兆欧表的面板也有和手摇式兆欧表一样的三个接端子（L、E、G），还有电压规格选择按键和液晶显示屏，其面板如图 3-16 所示。

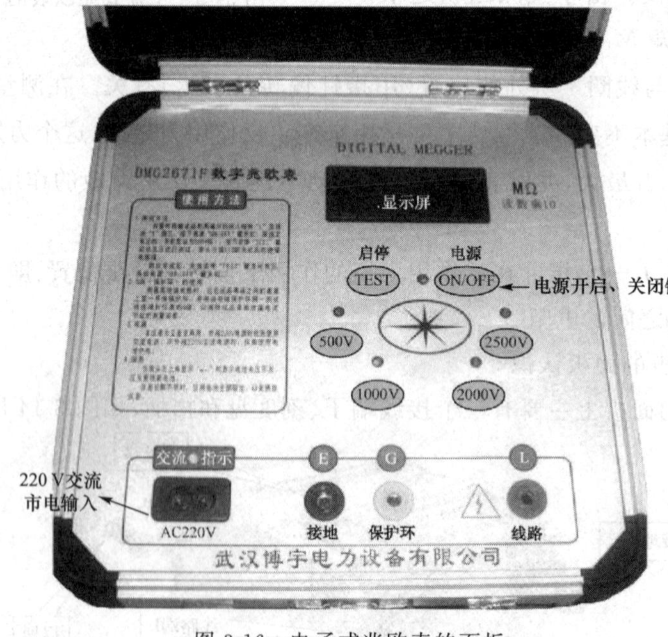

图 3-16　电子式兆欧表的面板

（3）掌握兆欧表的使用方法

1）将兆欧表进行开路试验

① 将两连接线开路，摇动手柄指针应指在无穷大处，再把两连接线短接一下，指针应指在零处。

② 在兆欧表未接通被测电阻之前，摇动手柄使发电机达到 120 r/min 的额定转速，观察指针是否指在标度尺“∞”的位置。如果是，说明正常，操作示意图如图 3-17 所示。

2）将兆欧表进行短路试验

将端子 L 和 E 短接，缓慢摇动手柄，观察指针是否指在标度尺的“0”位置。如果是，则为正常，操作示意图如图 3-18 所示。

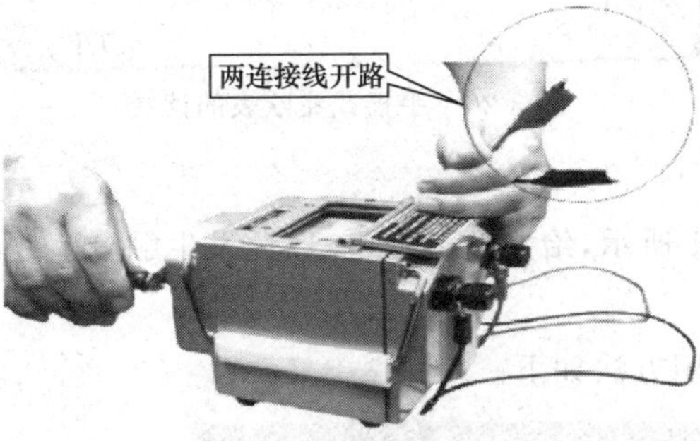

图 3-17 兆欧表的开路试验

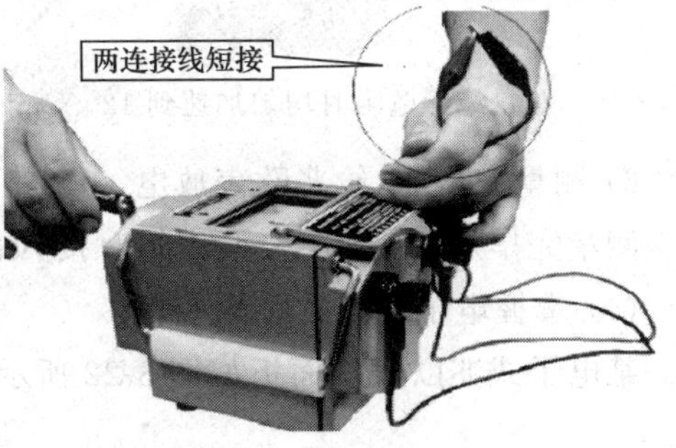

图 3-18 兆欧表的短路试验

3）将兆欧表与被测设备进行连接

① 兆欧表与被测设备之间应使用单股线分开单独连接，并保持线路表面清洁干燥，避免因线与线之间绝缘不良引起误差。

② 如测量电气设备内两绕组之间的绝缘电阻时，将“L”和“E”分别接两绕组的接线端。

③ 如测量电缆的绝缘电阻，为消除因表面漏电产生的误差，“L”接线芯，“E”接外壳，“G”接线芯与外壳之间的绝缘层。

4）测量

① 被测设备必须与其他电源断开，测量完毕一定要将被测设备充分放电(需 2～3 min)，以保护设备及人身安全。

② 摇测时，将兆欧表置于水平位置，摇柄转动时其端子间不许短路。摇测电容器、电缆时，必须在摇柄转动的情况下才能将接线拆开，否则反充电将会损坏兆欧表。

③ 一手稳住兆欧表，另一手摇动手柄，应由慢渐快，均匀加速到 120 r/min，并注意防止触电(不要接触接线柱、测量表笔的金属部分)，操作如图 3-19 所示。摇动过程中，当出现指针已指零时(说明被测电阻较小)，就不能再继续摇动，以防表内线圈发热损坏。

5）读数

从刻度盘上指针所指的示数读取被测绝缘电阻值大小，读数如图 3-20 所示(本次测量的绝缘电阻为 20 MΩ)。

同时，还应记录测量时的温度、湿度、被测设备的状况等，以便于分析测量结果(湿度对绝缘电阻表面泄漏电流影响较大，它能使绝缘表面吸附潮气，瓷制表面形成水膜，使绝缘电阻降低。此外还有一些绝缘材料有毛细管作用，当空气湿度较大时，会吸收较多的水分，增加电导率，也使绝缘电阻降低)。

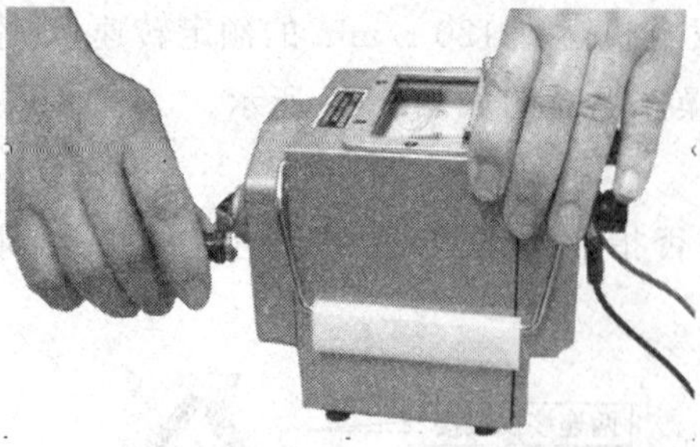

图 3-19　测量绝缘电阻时均匀加速到 120 r/min

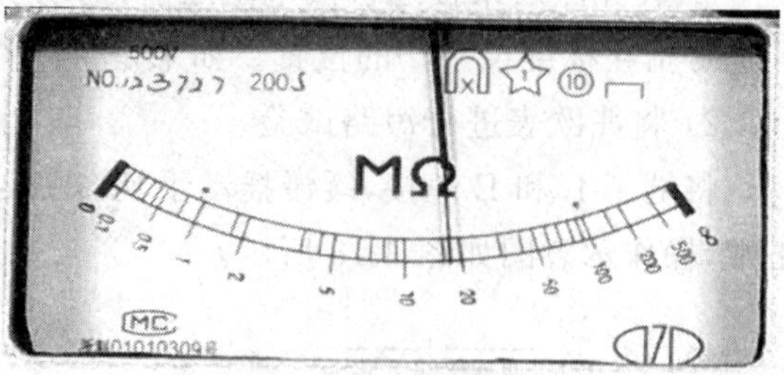

图 3-20　手摇式兆欧表的读数

6）测量完毕后，给兆欧表放电

测量完毕后，需将 L、E 两表笔对接，如图 3-21 所示，给兆欧表放电，以免发生触电事故。

（4）掌握电子式兆欧表的应用

某电子式兆欧表的面板如图 3-22 所示，其使用方法如下。

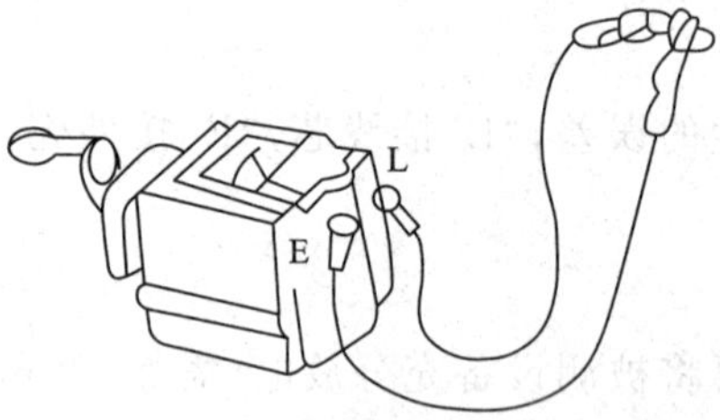

图 3-21　给兆欧表放电

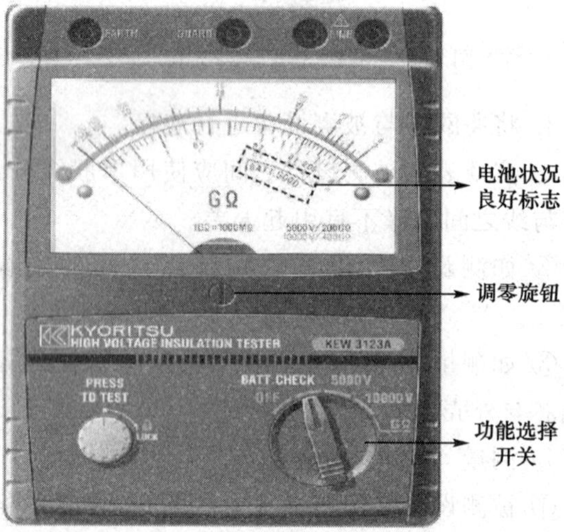

图 3-22　某电子式兆欧表的面板

1）调零

将功能选择开关设置为“OFF”，用螺丝刀调整前面板中央的调零旋钮，使指针位于“∞”刻度。

2）检查电池

将功能选择开关旋至“BATT. CHECK”位置，按下测试开关。若指针停留于“BATT. GOOD”区域或此区域右侧，表示电池状况良好。否则，请更换电池。

注意：测试时，请勿长按或锁定测试开关。若电池充足，则会造成电能消耗（比测量绝缘电阻产生的电流大）。

3）绝缘电阻测量：将功能选择开关设置为“OFF”位置，并将被测回路（电气设备的外壳）接地。将测试线连接仪器的接地端（E）和被测回路的接地端。将测试棒（L）接触被测回路的导电部位。调节功能选择开关选择电压后，按下测试开关。绿色 LED 点亮时，请读取外圈（高量程）刻度上的绝缘电阻值；若红色 LED 点亮，请读取内圈（低量程）刻度值。测试结束后，解除“PRESS TO TEST”测试开关的锁定（再按一次使该开关弹起来），等待几秒后再将测试棒与被测回路断开。这是为了释放被测回路上存储的电量。

注意:按下“PRESS TO TEST”键时,请务必小心仪器测试棒与接地端存在的高压。

三、实训记录

1. 用数字钳形表测量交、直流电压时,红表笔接__________,黑表笔接__________。

2. 兆欧表又称为摇表,其理由是:______________________________。

3. 在使用兆欧表时,被测设备必须与其他电源断开,测量完毕一定要将被测设备__________。以保护设备及人身安全。

4. 操作兆欧表时,一手稳住兆欧表,另一手摇动手柄,应由慢渐快,均匀加速到__________,并注意防止触电。摇动过程中,当出现指针已指零时,应该____________________________。

5. 练习用数字钳形表测交流电流(例如,用单相电动机或其他电器从 220 V 的电源插座接入电源,测该用电器的工作电流),说明使用的挡位及测量值是多少,并判断该用电器是否工作正常。

6. 练习用指针钳形表测交流电流(例如,用单相电动机或其他电器从 220 V 的电源插座接入电源,测该用电器的工作电流),说明使用的挡位及测量值是多少,并判断该用电器是否工作正常。

四、成绩评定

《掌握常用电工仪表的使用方法和技巧》达标检测评分标准,见表 3-5。

表 3-5 《掌握电工仪表的使用方法和技巧》达标检测评分标准 总得分__________

检验项目			配分	评分标准	得分
掌握万用表的使用方法和技巧	准备	电池/表笔的检查、安装及机械调零	3	安装正确,表笔无故障	
	电阻的测量	测量功能、量程的选择	3	选择正确	
		操作	5	须有正确调零,测量中手不能接触表笔的金属杆	
		读数	5	准确、合理	
		复位	3	选择旋钮打到“OFF”挡或交流电压的最高挡	
	交流电压的测量	测量功能、量程的选择	3	选择正确	
		操作	3	手不能接触表笔的金属杆	
		读数	3	准确、合理	
	直流电压的测量	测量功能、量程的选择	3	选择正确	
		操作	3	手不能接触表笔的金属杆,表笔的极性正确	
		读数	5	准确、合理	
	直流电流的测量	测量功能、量程的选择	3	选择正确	
		操作	3	手不能接触表笔的金属杆,表笔的极性正确	
		读数、复位	5	准确、合理	
	保养		3		

续表

检验项目			配分	评分标准	得分
掌握钳形表的使用方法和技巧	准备	电池、表笔的检查和安装、机械调零	3	安装正确，表笔无故障	
	电流的测量	测量功能、量程的选择	3	选择正确	
		操作	5	待测导线的位置正确	
		读数	5	准确、合理	
		复位	3	选择旋钮打到“OFF”挡或交流电压的最高挡	
掌握兆欧表的使用方法和技巧	准备	选择兆欧表的绝缘等级	3	根据待测对象选择正确	
		表笔的检查和安装	3	安装正确，表笔无故障	
	绝缘电阻的测量	仪表与待测器件的连线	3	选择正确	
		操作	5	与待测导线的连接正确、摇动手柄正确	
		读数	5	准确、合理	
		会对测量示数进行分析	3	分析正确	
		会用机械式和电子式两种仪表进行测量	4	两种都会	
安全文明生产				违反扣1～10分	

基础实训二　常见导线的连接与绝缘的恢复

一、知识目标

① 实训进一步熟练常用电工工具的使用方法；

② 学习电力线的剖削及连接方法。

二、内容要求

1. 电力线的选用

电力线的选用已在电工材料中做了详细介绍，根据用途选定合适的导线系列及型号，再由负载的性质及大小确定负载的电流值，最后选定导线的规格。

2. 导线线头绝缘层的剖削

导线线头绝缘层的剖削是导线加工的第一步，是为以后导线的连接作准备。电工必须学会用电工刀、钢丝钳或剥线钳来剖削绝缘层。

1）塑料硬线绝缘层的剖削

① 用钢丝钳剖削塑料硬线绝缘层。线芯截面为 4 mm^2 及以下的塑料硬线，一般用钢丝钳进行剖削，剖削方法如图 3-23所示。

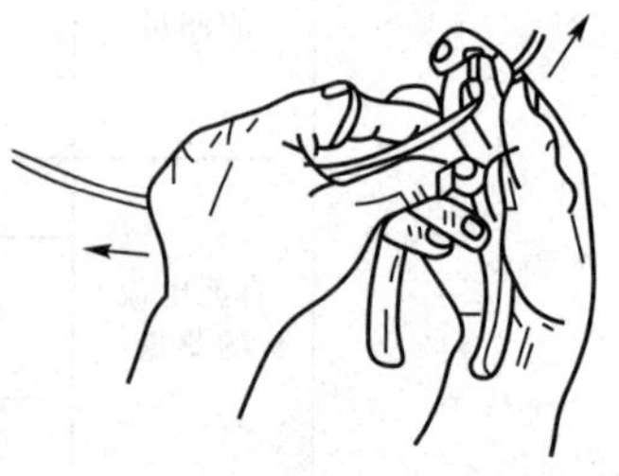

图 3-23　钢丝钳剖削塑料硬线方法

✣ 用左手捏住导线，在需剖削线头处，用钢丝钳刀口轻轻切破绝缘层，但不可切伤线芯。

✣ 用左手拉紧导线，右手握住钢丝钳头部用力向外勒去塑料层。在勒去塑料层时，不可在钢丝钳刀口处加剪切力，否则会切伤线芯。剖削出的线芯应保持完整无损。如有损伤，应重新剖削。

② 用电工刀剖削塑料硬线绝缘层线芯面积大于 4 mm^2 的塑料硬线，料硬线绝缘层可用电工刀来剖削，握刀姿势如图 3-24(a)所示。

③ 电工刀剖削塑料硬线绝缘层，方法如下：

✣ 在需剖削线头处，用电工刀以 45°角倾斜切入塑料绝缘层，注意刀口不能伤着线芯，如图 3-24(b)所示；

✣ 刀面与线蕊的夹角保持在 15°左右，用刀向线端推削，只削去上面一层塑料绝缘层，不可切入线芯，如图 3-24(c)所示；

✣ 将余下的线头绝缘层向后扳翻，把该绝缘层剥离线芯，如图 3-24(d)所示，再用电工刀切齐。

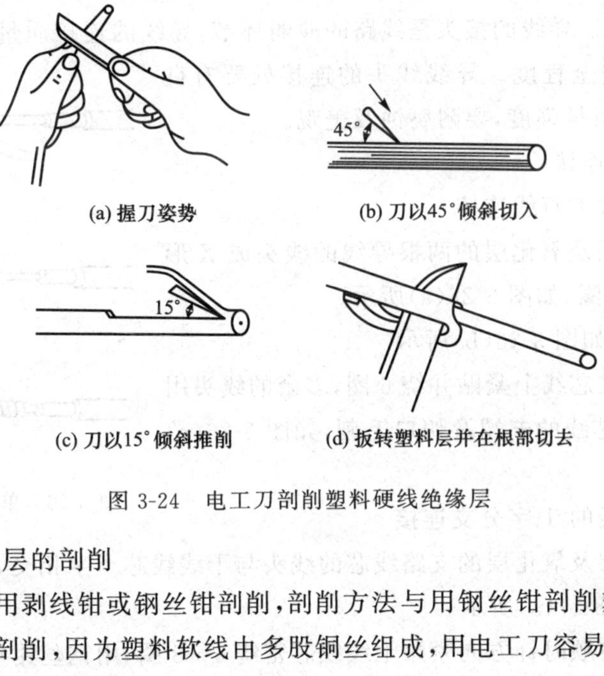

(a) 握刀姿势　(b) 刀以45°倾斜切入

(c) 刀以15°倾斜推削　(d) 扳转塑料层并在根部切去

图 3-24　电工刀剖削塑料硬线绝缘层

2) 塑料软线绝缘层的剖削

塑料软线绝缘层用剥线钳或钢丝钳剖削，剖削方法与用钢丝钳剖削塑料硬线绝缘层方法相同。不可用电工刀剖削，因为塑料软线由多股铜丝组成，用电工刀容易损伤线芯。

3) 塑料护套线绝缘层的剖削

塑料护套线具有两层绝缘，护套层和每根线芯的绝缘层。塑料护套线绝缘层用电工刀剖削，方法如下：

① 护套层的剖削。按线头所需长度处，用电工刀刀尖对准护套线中间线芯缝隙处划开护套线，如偏离线芯缝隙处，电工刀可能会划伤线芯。向后扳翻护套层，用电工刀把它齐根切去，如图 3-25 所示。

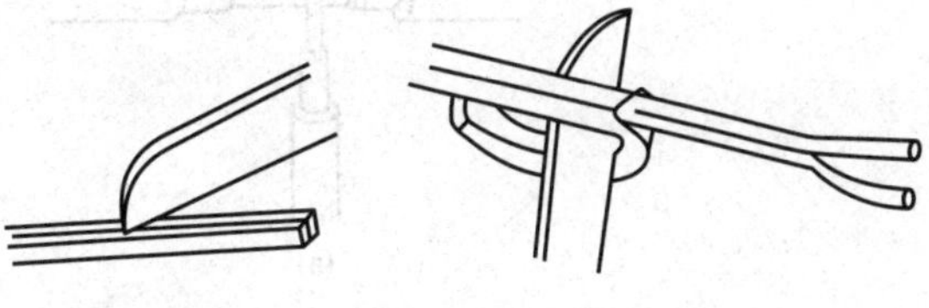

图 3-25　塑料护套线绝缘层的剖削

② 内部绝缘层的剖削。在距离护套层 5～10 mm 处，用电工刀以 45°角倾斜切入绝缘层，其剖削方法与塑料硬线剖削方法相同。

4）橡皮线绝缘层的剖削

在橡皮线绝缘层外还有一层纤维编织保护层，其剖削方法如下：

① 把橡皮线纤维编织保护层用电工刀尖划开，将其扳翻后齐根切去，剖削方法与剖削护套线的保护层方法类同。

② 用剖削塑料线绝缘层的方法削去橡胶层。

③ 最后把松散棉纱层用电工刀从根部切去。

5）花线绝缘层的剖削

① 用电工刀在线头所需长度处将棉纱织物保护层四周割切一圈后将其拉去。

② 在距离棉纱织物保护层 10 mm 处，用钢丝钳按照剖削塑料软线的方法勒去橡胶层。

3．导线的连接

当导线长度不够或需要分接支路时，需要将导线与导线连接。在去除了线头的绝缘层后，就可进行导线的连接。导线的接头是线路的薄弱环节，导线的连接质量关系着线路和电气设备运行的可靠性和安全程度。导线线头的连接处要有良好的电接触、足够的机械强度，要耐腐蚀及美观。

（1）铜芯导线的连接

1）单股铜芯导线的直线连接

① 把去除绝缘层及氧化层的两根导线的线头成 X 形相交，互相绞绕 2～3 圈，如图 3-26(a)所示。

② 扳直两线头，如图 3-26(b)所示。

③ 将每根线头在芯线上紧贴并绕 6 圈，多余的线头用钢丝钳剪去，并钳平芯线的末端及切口毛刺，如图 3-26(c)所示。

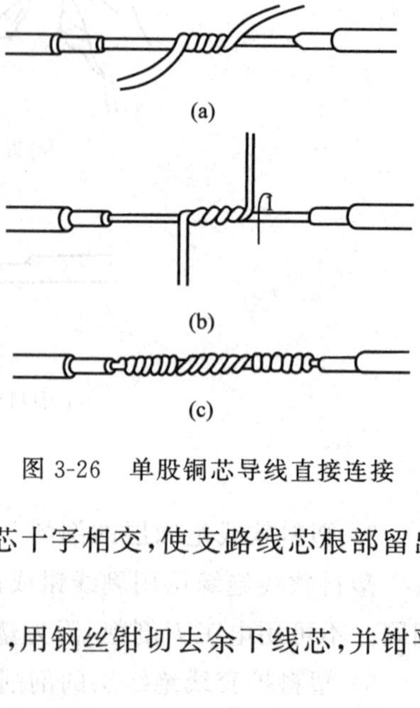

图 3-26 单股铜芯导线直接连接

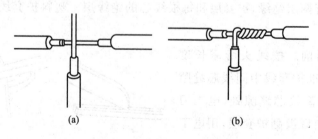

2）单股铜芯导线的 T 字分支连接

① 把去除绝缘层及氧化层的支路线芯的线头与干线线芯十字相交，使支路线芯根部留出 3～5 mm 裸线，如图 3-27(a)所示。

② 将支路线芯按顺时针方向紧贴干线线芯密绕 6～8 圈，用钢丝钳切去余下线芯，并钳平线芯末端及切口毛刺，如图 3-27(b)所示。

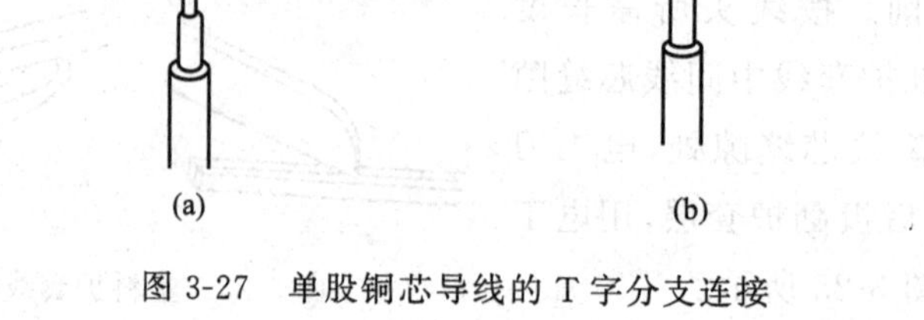

图 3-27 单股铜芯导线的 T 字分支连接

3）7 股铜芯导线的直线连接

① 先将除去绝缘层及氧化层的 2 根线头分别散开并拉直，在靠近绝缘层的 1/3 线芯处将该段线芯绞紧，把余下的 2/3 线头分散成伞状，如图 3-28(a)所示。

② 把 2 个分散成伞状的线头隔根对叉，然后放平 2 端对叉的线头，如图 3-28(b)所示。

③ 把一端的 7 股线芯按 2、2、3 股分成 3 组，把第 1 组的 2 股线芯扳起，垂直于线头，如图 3-28(c)所示。然后按顺时针方向紧密缠绕 2 圈，将余下的线芯向右与线芯平行方向扳平。

④ 将第 2 组的 2 股线芯扳成与线芯垂直方向，如图 3-28(d)所示。然后按顺时针方向紧压着前 2 股扳平的线芯缠绕 2 圈，也将余下的线芯向右与线芯平行方向扳平。

⑤ 将第 3 组的 3 股线芯扳于线头垂直方向，如图 3-28(e)所示。然后按顺时针方向紧压线芯向右缠绕。

⑥ 缠绕 3 圈后，切去每组多余的线芯，钳平线端，如图 3-28(f)所示。

⑦ 用同样方法缠绕另 1 边线芯。

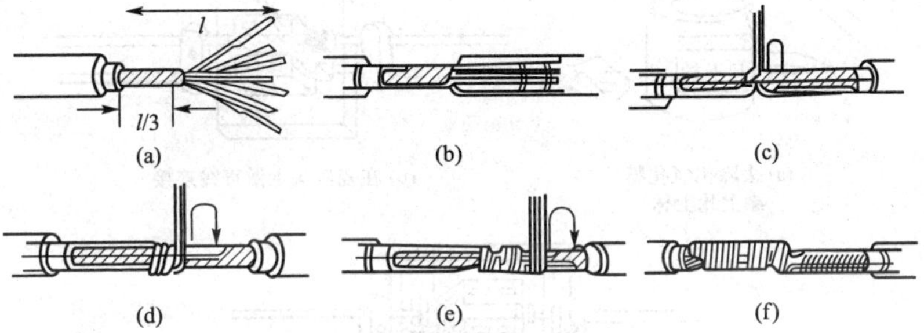

图 3-28 7 股铜芯导线的直线连接

4）7 股铜芯导线的 T 字分支连接

① 把除去绝缘层及氧化层的分支线芯散开钳直，在距绝缘层 1/8 线头处将线芯绞紧，把余下部分的线芯分成 2 组，一组 4 股，另一组 3 股，并排齐，然后用螺丝刀把已除去绝缘层的干线线芯分为 2 组，把支路线芯中 4 股的 1 组插入干线 2 组线芯中间，把支线的 3 股线芯的 1 组放在干线线芯的前面，如图 3-29(a)所示。

② 把 3 股线芯的 1 组往干线一边按顺时针方向紧紧缠绕 3～4 圈，剪去多余线头，钳平线端，如图 3-29(b)所示。

③ 把 4 股线芯的 1 组按逆时针方向往干线的另一边缠绕 4～5 圈，剪去多余线头，钳平线端，如图 3-29(c)所示。

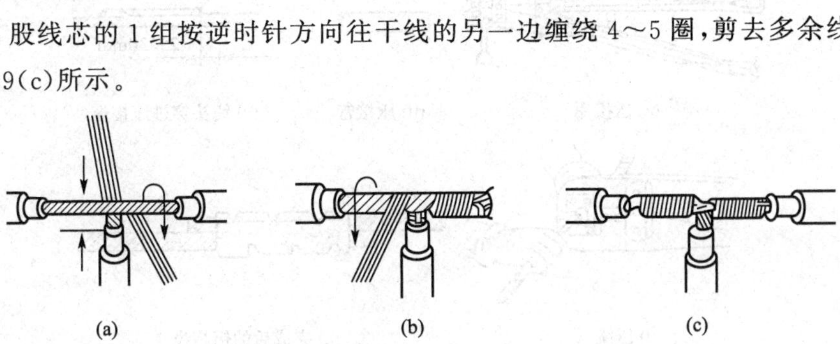

图 3-29 7 股铜芯导线的 T 字分支连接

（2）铝芯导线的连接

铝极易氧化，而且铝氧化膜的电阻率很大，所以铝芯导线不宜采用铜芯导线的连接方法，而常采用螺钉压接法和压接管压接法。

1）螺钉压接法

螺钉压接法适用于负荷较小的单股铝芯导线的连接。

① 除去铝芯线的绝缘层，用钢丝刷刷去铝芯线头的铝氧化膜，并涂上中性凡士林，如图 3-30(a)所示。

② 将线头插入瓷接头或熔断器、插座、开关等的接线桩上，然后旋紧压接螺钉。图 3-30(b)所示为直线连接，图 3-30(c)所示为分路连接。

(a) 去除铝氧化膜
涂上凡士林

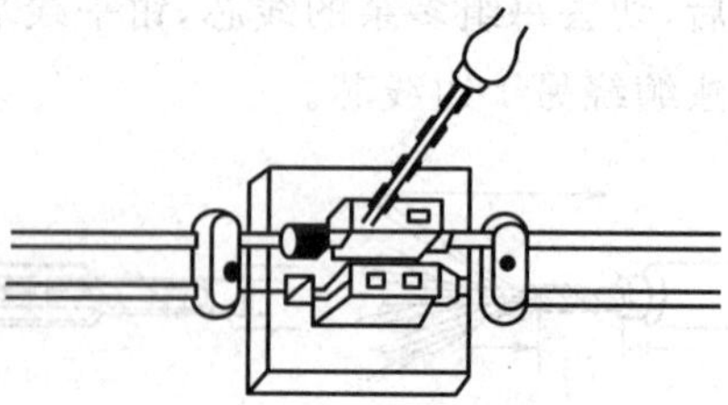

(b) 在瓷接头上做直线连接

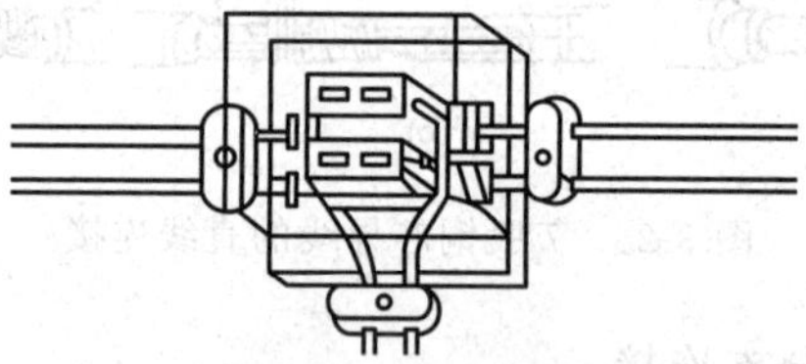

(c) 在瓷接头上做分路连接

图 3-30　单股铝芯导线螺钉压接法

2）压接管压接法

压接管压接法适用于较大负荷的多股铝芯导线的直线连接，需要用压接钳和压接管，如图 3-31(a)、(b)所示。

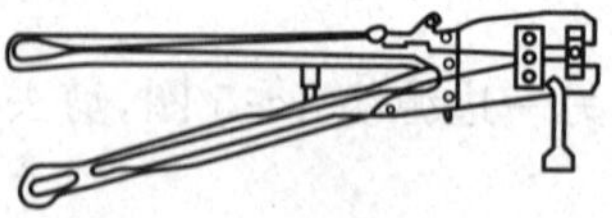

(a) 压接钳

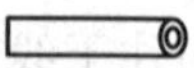

(b) 压接管

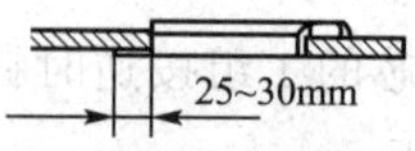

(c) 线头穿进压接管

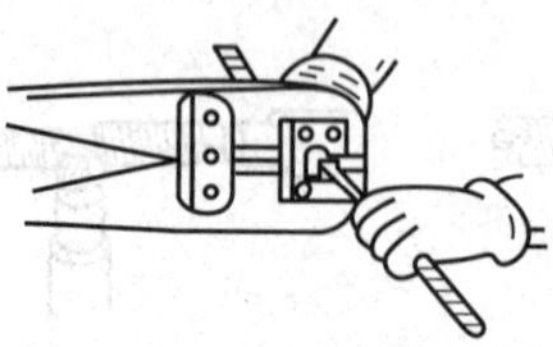

(d) 压线

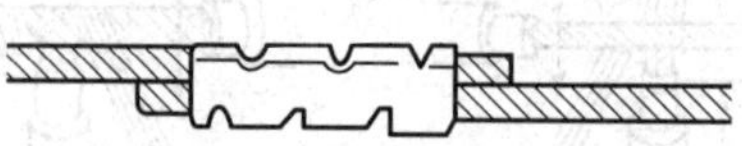

(e) 完成后的铝芯线

图 3-31　压接管压接法

① 根据多股铝芯线规格选择合适的压接管，除去需连接的 2 根多股铝芯导线的绝缘层，用钢丝刷清除铝芯线头和压接管内壁的铝氧化层，涂上中性凡士林。

② 将 2 根铝芯线头相对穿入压接管，并使线端穿出压接管 25～30 mm，如图 3-31(c)所示。

③ 进行压接，压接时第 1 道压坑应在铝芯线头 1 侧，不可压反，如图 3-31(d)所示。压接完成后的铝芯线如图 3-31(e)所示。

(3) 导线与接线桩的连接

导线与用电器或电气设备之间，常用接线桩连接。导线与接线桩的连接，要求接触面紧密，接触电阻小，连接牢固。常用接线桩有针孔式和螺钉平压式 2 种。

1) 线头与针孔式接线桩的连接

把单股导线除去绝缘层后插入合适的接线桩针孔，旋紧螺钉。如果单股线芯较细，把线芯折成双根，再插入针孔。对于软线芯线，须先把软线的细铜丝都绞紧，再插入针孔，孔外不能有铜丝外露，以免发生事故。线头与针孔式接线桩接法如图 3-32 所示。

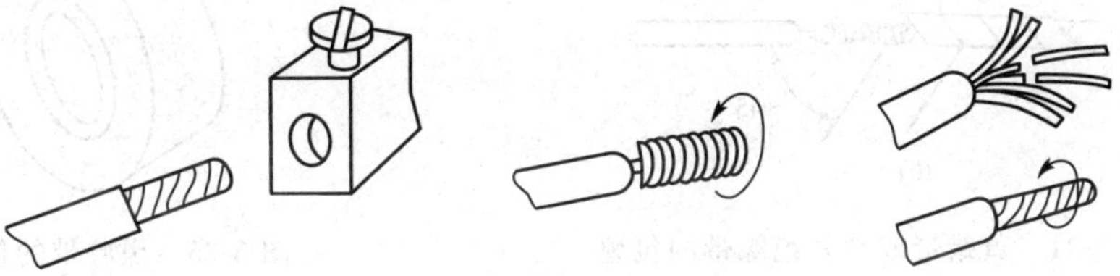

图 3-32 线头与针孔式接线桩的连接方法

2) 线头与螺钉平压式接线桩的连接

对于较小截面的单股导线，先去除导线的绝缘层，把线头按顺时针方向弯成圆环。圆环的圆心应在导线中心线的延长线上，环的内径 d 比压接螺钉外径稍大些，环尾部间隙为 1～2 mm。剪去多余线芯，把环钳平整，不扭曲。然后把制成的圆环放在接线桩上，放上垫片，把螺钉旋紧。接法如图 3-33 所示。对于较大截面的导线，需在线头装上接线端子，由接线端子与接线桩连接。

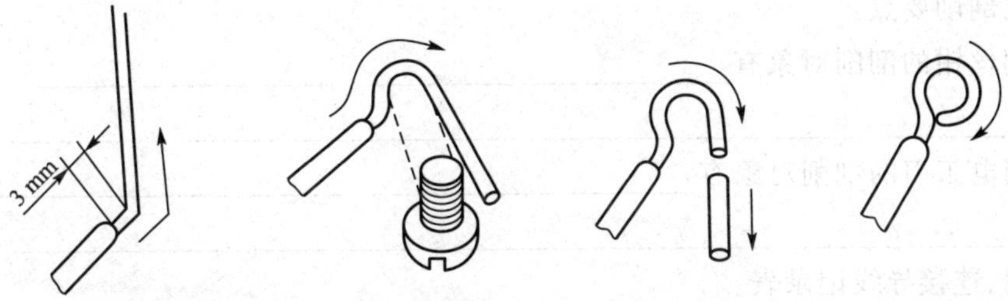

图 3-33 线头与螺钉平压式接线桩的连接

4. 导线绝缘的恢复

导线绝缘层破损或导线连接后都要恢复绝缘，恢复后的绝缘强度不应低于原有的绝缘层。恢复绝缘层的材料一般用黄蜡带、涤纶薄膜带、塑料带和黑胶带等。黄蜡带或黑胶带通常选用带宽为 20 mm 规格的，这样包缠较方便。

（1）绝缘带的包缠

① 先用黄蜡带（或涤纶薄膜带）从离切口 2 根带宽（约 40 mm）处的绝缘层上开始包缠，如图 3-34(a)所示。缠绕时采用斜叠法，黄蜡带与导线保持约 45°的倾斜角，每圈压叠带宽的 1/2，如图 3-34(b)所示。

② 包缠一层黄蜡带后，将黑胶带接于黄蜡带的尾端，以同样的斜叠法向另一方向包缠一层黑胶带，如图 3-35 所示。

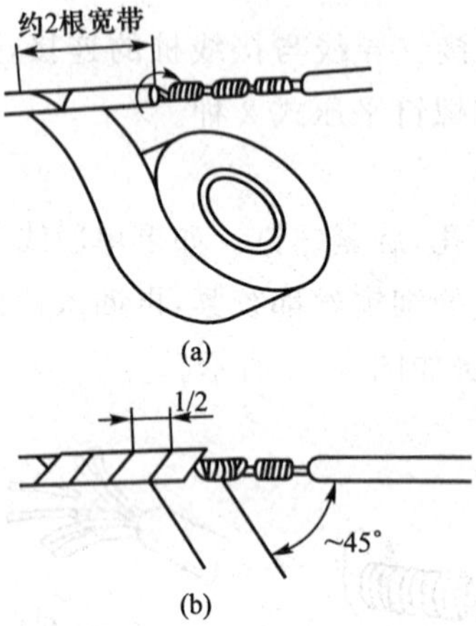

图 3-34　黄蜡带或塑料绝缘带的包缠

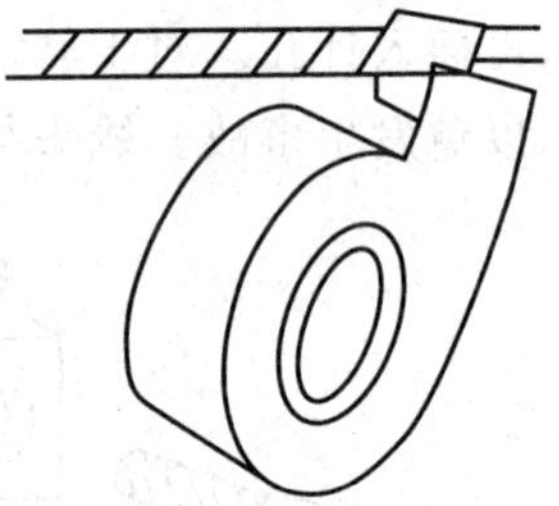

图 3-35　黑胶带的包缠

（2）注意事项

① 电压为 380 V 的线路恢复绝缘时，可先用黄蜡带用斜叠法紧缠 2 层，再用黑胶带缠绕1～2 层；

② 包缠绝缘带时，不能过疏，更不允许露出线芯，以免造成事故；

③ 包缠时绝缘带要拉紧，要包缠紧密、坚实，并粘在一起，以免潮气侵入。

三、实训记录

① 导线的选择。见第一部分知识三 常用电工材料的记录作业。

② 导线剖削要点：

❖ 使钢丝钳的剖削对象有________________________________，剖削要点为________________________________。

❖ 使用电工刀的剖削对象有________________________________，剖削要点为________________________________。

③ 剖削、连接导线记录表。

剖削对象	剖削根数	剖削所用时间	剖削质量
钢丝钳对单股铜芯塑料线			
钢丝钳对多股铜芯软塑料线			
电工刀对 7 股铝芯导线			
电工刀对橡皮护套线			

续表

剖削对象	剖削根数	剖削所用时间	剖削质量
单股铜芯导线直接连接			
单股铜芯导线T字分支连接			
7股导线直接连接			
7股导线T字分支连接			

④ 铝芯导线能否采用铜芯导线的连接方法，为什么？

四、成绩评定

项　目	技术要求	配分	扣分标准	得分
导线选用	根据负载情况能确定导线的截面积； 根据用途状况能选用导线的型号及规格	15分	通过负载情况不会确定导线的截面积扣10分； 根据用途状况不会选用导线的型号及规格扣10分	
导线剖削	剥削导线方法得当、工艺规范； 剖削后导线无损伤	15分	导线剖削方法不正确扣5分，工艺不规范扣5分； 导线损伤为刀伤扣5分，为锉伤扣3分	
导线连接	导线缠绕方法正确、缠绕整齐、平直、紧凑且圆	50分	导线缠绕方法不正确扣20分； 缠绕不整齐扣15分； 不平直扣10分； 不紧凑且不圆扣5分	
恢复绝缘层	包缠正确、工艺规范、绝缘层数满足要求	20分	包缠方法不正确扣10分； 绝缘层数不够扣5分； 渗水每层扣5分	
安全文明操作	违反安全文明操作，损坏工具或仪器扣20～50分			
考评形式	时限成果型	教师签字		总分

基础实训三　焊接技能初步知识

一、知识目标

① 学习了解手工焊接方面的技术和工艺；

② 正确掌握焊接技术要领，能熟练进行焊接操作。

二、内容要求

1. 焊接的初步知识

(1) 焊接概念

焊接是使金属连接的一种方法。它利用加热或加压，在两种金属的接触面，通过焊接材料的原子或分子的相互扩散作用，使两种金属间形成一种永久的牢固结合。利用焊接的方法而形成的接点称为焊点。

（2）焊接种类

焊接通常分为熔焊、接触焊及钎焊三大类，在电子装配中主要使用的是钎焊。钎焊就是用加热把作为焊料的金属熔化成液态，使另外的被焊固态金属（母材）连接在一起，并在焊点发生化学变化。钎焊中用的焊料是起连接作用的，其熔点必须低于被焊材料的熔点。根据焊料熔点的高低，钎焊又分为硬焊（焊料熔点高于 450 ℃）和软焊（焊料熔点低于 450 ℃）。锡焊就是软焊的一种。

（3）焊接（锡焊）的必备条件

锡焊的过程其实就是锡焊点形成的过程，将加热熔化成液态的焊料，借助于焊剂的作用，熔于被焊接金属的缝隙，如果熔化的焊锡和被焊接的金属的结合面上，不存在其他任何杂质，那么焊锡中的锡和铅的任何一种原子会进入被焊接金属材料的晶格，在焊接面间，形成金属合金，并使其连接在一起，得到牢固可靠的焊接点。锡焊的必备条件为：

① 母材应具有良好的可焊性；

② 母材表面和焊锡应保持清洁接触，应清除被焊金属表面的氧化膜；

③ 应选用性能最佳的助焊剂；

④ 焊锡的成分应在母材表面产生浸润现象，使焊锡与被焊金属原子间因内聚力作用而融为一体；

⑤ 焊接要具有足够的温度，使焊锡熔化并向被焊金属缝隙渗透和向表层扩散，同时使母材的温度上升到焊接温度，以便与熔化焊锡生成金属合金；

⑥ 焊接的时间应掌握适当，过长过短都不行。

2. 电烙铁的种类、构造及选用

（1）电烙铁的种类及构造

常见的电烙铁主要结构由烙铁头、烙铁芯、卡箍、手柄、接线柱、接地线、电源线、紧固螺钉等构成，电烙铁有外热式、内热式、吸锡式和恒温式等类别，不论哪种电烙铁，都是在接通电源后，电阻丝绕制的加热器发热，直接通过传热筒加热烙铁头，待达到工作温度后，就可熔化焊锡，进行焊接。

① 外热式。外形及结构如图 3-36(a)所示。常用的规格有：25 W、45 W、75 W、100 W 和 300 W，其特点是传热筒内部固定烙铁头，外部缠绕电阻丝，并将热量传到烙铁头上。

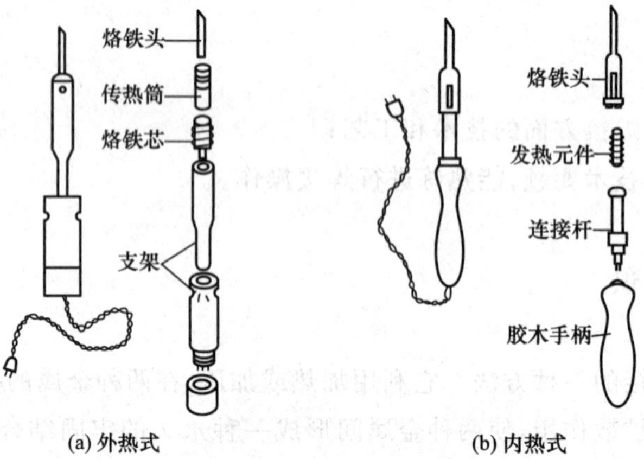

(a) 外热式　(b) 内热式

图 3-36　外热式电烙铁和内热式电烙铁

② 内热式。外形及结构如图 3-36(b)所示。常用的规格有:20 W、30 W 和 50 W 等,其特点是烙铁芯置于烙铁头空腔内部,使其发热快、热量利用率高(可达 85%以上),另外体积小、质量轻且省电,最适用于晶体管等小型电子器件和印制电路板的焊接。

③ 吸锡电烙铁。用于拆换电子器件。操作时,先用吸锡电烙铁头加热到拆换元件的焊点,待焊锡熔化后按动控制按钮(吸锡装置),即可将熔锡吸进气筒内。特别是拆除焊点多的电子元器件时使用更为方便。大多吸锡电烙铁为两用,在进行焊接时与使用一般电烙铁一样操作。

④ 恒温电烙铁。借助于电烙铁内部的磁性开关自动控制通电时间而达到恒温的目的。它是断续通电的,比普通电烙铁省电一半。由于烙铁头始终保持在适于焊接的温度范围内,焊料不易氧化,烙铁头也不至于"烧死",可减少虚焊和假焊,从而延长使用寿命,并保证焊接质量。

(2) 电烙铁的选用

电烙铁的功率、加热方式和烙铁头形状的选用主要考虑以下四个因素:

① 设备的电路结构形式;

② 被焊器件的吸热、散热状况;

③ 焊料的特性;

④ 使用是否方便。

焊接小型元器件、电路板等,选用 20~30 W 的电烙铁;焊接接线柱等,选用 30~70 W 的电烙铁。烙铁头形状的选用要适合焊接面的要求和焊点的密度。另外,使用前必须检查两股电源线与保护接地线的接头,不要接错。初次使用时先将烙铁头上镀一层锡。

(3) 电烙铁使用与保养

① 电烙铁在使用之前应用万用表的欧姆挡测量其电阻值。正常 20 W 内热式电烙体芯的阻值为 2.4 kΩ。若测得电阻值为零,则说明电烙铁内部短路;若电阻为无穷大,则说明电烙铁内部断路。(大部分情况是由于电源线与烙铁芯的接触处断开所造成,少数情况是由于电源线损坏所造成的。)

② 新烙铁刃口表面镀有一层铬,不易沾锡。使用前先用锉刀或砂纸将镀铬层去掉,通电加热后涂上少许焊剂,待烙铁头上的焊剂冒烟时,即上焊锡,使烙铁头的刃口镀上一层锡,这时烙铁头就可以使用了。

③ 在使用过程中注意轻拿轻放,电烙铁用后一定要稳妥放于烙铁架上,这样既安全,又可适当散热,避免烙铁头"烧死"。对已"烧死"的烙铁头,应按新烙铁的要求重新上锡。

④ 烙铁头使用较长时间后会出现凹槽或豁口,应及时用锉刀修整,否则会影响焊点质量。对经多次修整已较短的烙铁头,应及时调换,否则会使烙铁头温度过高。

⑤ 每次使用后等电烙铁冷却后才能放回抽屉,防止烫坏电源线,引起触电危险。

3. 焊接的基本要点

(1) 焊料、焊剂的选用

焊接离不开焊料和焊剂,焊料是用来熔合两种或两种以上的金属面,使之成为一个整体的金属或合金。焊剂是用来改善焊接性能的。

1）焊料的选用

常用的焊料有锡铅焊料(也叫焊锡)、银焊料及铜焊料。锡铅焊料是一种合金,锡、铅都是软金属,熔点较低,配制成合金后的熔点在 250 ℃以下。纯锡的熔点为 232 ℃,它具有较好的浸润性,但热流动性并不好;铅的熔点比锡高,约为 327 ℃,具有较好的热流动性,但浸润性能差。两者按不同的比例组成合金后,其熔点和其他物理性能等都有变化。

当合金的铅锡比例各为 50%时,合金熔点为 212 ℃,凝固点为 182 ℃,其在 182 ℃到 212 ℃间为半凝固状态,这种合金的含锡量低,熔点高,在电子设备装配和维修中不能选用,只可用于一般焊接中。

当锡铅含量比为 62∶38 时,这种合金称为共晶焊锡,其熔点和凝固点都是 182 ℃,由液态到固态几乎不经过半凝固状态,焊点凝固迅速,缩短了焊接时间,适合在电子电路焊接中选用。目前在印制电路板上焊接元件时,都选用低温焊锡丝,这种焊锡丝是空心的,心内装有松香焊剂,熔点为 140 ℃,其中含锡 51%、含铅 31%、含镉 18%。外径有 2.5 mm、2 mm、1.5 mm 和 1 mm 等几种。

2）焊剂的选用

金属在空气中,加热情况下,表面会生成氧化膜薄层。在焊接时,它会阻碍焊锡的浸润和接点合金的形成,采用焊剂能改善焊接性能。焊剂能破坏金属氧化物,使氧化物漂浮在焊锡表面上,有利于焊接,又能覆盖在焊料表面,防止焊料或金属继续氧化,还能增强焊料与金属表面的活性,增加浸润能力。

① 对铂、金、银、铜、锡等金属,或带有锡层的金属材料,可用松香或松香酒精溶液作焊剂;

② 对铅、黄铜、铍青铜及带有镍层的金属,若用松香焊剂,则焊接较为困难,应选用中性焊剂;

③ 对板金属,可用无机系列的焊剂,如氯化锌和氯化铵的混合物,但在电子电路焊接中,禁止使用这类焊剂;

④ 焊接半密封器件,必须选用焊后残留物无腐蚀的焊剂。

几种常用的焊剂配方见表 3-6。

表 3-6　几种常用的焊剂配方

名　　称	配　　方
松香酒精焊剂	松香 15～20 g,无水酒精 70 g,溴化水杨酸 10～15 g
中性焊剂	凡士林(医用)100 g,三乙醇胺 10 g,无水酒精 40 g,水杨酸 10 g
无机焊剂	氯化锌 40 g,氯化铵 5 g,盐酸 5 g,水 50 g

(2) 对焊接点的质量要求

对焊接点的质量要求应包括电接触良好、机械性能牢固和美观三个方面。其中最关键的一点,就是必须避免假焊和虚焊。虚、假焊是指焊件表面没有充分镀上锡层,焊件之间没有被锡固住,是由于焊件表面没有清除干净或焊剂用得太少引起的。夹生焊是指锡未被充分熔化,焊件表面堆积着粗糙的锡晶粒,焊点的质量大为降低,是电烙铁温度不够或电烙铁留焊时间太短所引起的。

假焊使电路完全不通。虚焊使焊点成为有接触电阻的连接状态，从而使电路工作时噪声增加，产生不稳定状态，电路的工作状态时好时坏没有规律，给电路检修工作带来很大的困难。所以，虚焊是电路可靠性的一大隐患，必须尽力避免。

（3）焊接要点

可用刮、镀、测、焊四个字来概括，具体还要做好以下几点。

① 焊接时的姿势和手法。焊接时要把桌椅的高度调整适当，挺胸端坐，操作者鼻尖与烙铁尖的距离应在 20 cm 以上，选好电烙铁头的形状和采用恰当的烙铁握法。电烙铁的握法有握笔式和拳握式，见图 3-37 所示。

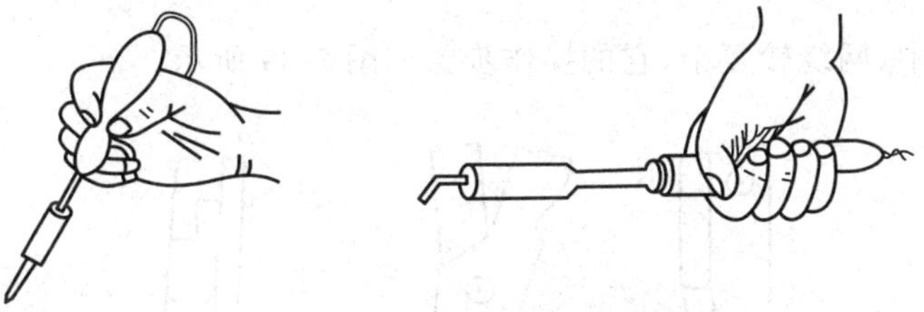

图 3-37　电烙铁的握法

握笔式使用的电烙铁是直型的，适合电子设备和印制电路板的焊接；拳握式使用的电烙铁功率较大，烙铁头为弯型的，适合电气设备的焊接。

② 被焊处表面的焊前清洁和搪锡清洁焊接元器件引线的工具，可用废锯条做成的刮刀。焊接前，应先刮去引线上的油污、氧化层和绝缘漆，直到露出紫铜表面，其上面不留一点脏污为止。对于有些镀金、镀银引出线的母材，因为基材难于搪锡，所以不能把镀层刮掉，可用粗橡皮擦去表面的脏污。引线作清洁处理后，应尽快搪好锡，以防表面重新氧化。搪锡前应将引线先蘸上焊剂。直排式集成块的引线，一般在焊前不作清洁处理，但在使用前不要弄脏引线。

③ 烙铁温度和焊接时间要适应不同的焊接对象，烙铁头需要的工作温度是不同的。焊接导线接头时，工作温度以 306～480 ℃为宜；焊接印制电路板电路上的元件时，一般以 430～450 ℃为宜；焊接细线条印制电路板或极细导线时，烙铁头的工作温度应在 290～370 ℃为宜；而在焊接热敏元件时，其温度至少要 480 ℃，这样才能保证烙铁头接触器件的时间尽可能的短。电源电压为 220 V 时，20 W 烙铁头的工作温度为 290～400 ℃，40 W 烙铁头的工作温度为 400～510 ℃。焊接时间把握在 3～5 s 为最佳。

④ 恰当掌握焊点形成的火候。焊接时，不要将烙铁头在焊点上来回磨动，应将烙铁头的搪锡面紧贴焊点。等到焊锡全部熔化，并因表面张力紧缩而使表面光滑后，迅速将烙铁头从斜上方约 45°角的方向移开。这时，焊锡不会立即凝固，不要移动被焊元件，也不要向焊锡吹气，待其慢慢冷却凝固。烙铁移开后，如果使焊点带出尖角，说明焊接时间过长，由焊剂气化引起的。应重新焊接。

⑤ 焊完后清洁焊好的焊点，经检查后，应用无水酒精把焊剂清洗干净。

（4）焊接方法

常见的焊接方法有网焊、钩焊、插焊和搭焊，是由焊接前的连接方式所决定的。

1）一般结构件的焊接

① 焊接前先进行接点的连接：连接方式如图 3-38 所示。

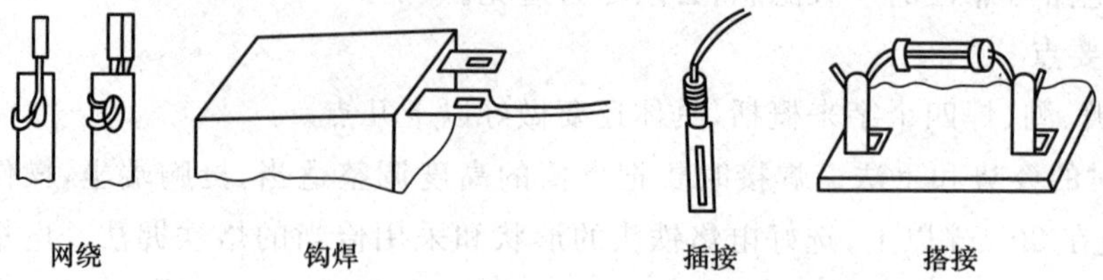

图 3-38　一般构件焊接前的连接方式

四种连接方式中，网绕较复杂，它的操作步骤如图 3-39 所示。

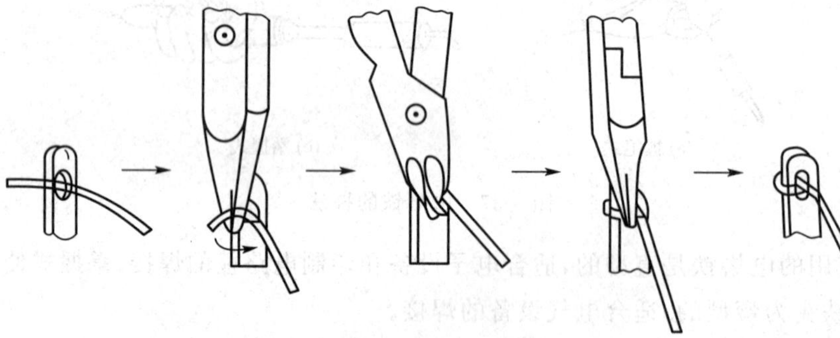

图 3-39　网绕步骤示意图

② 焊接步骤：焊接前先清洁烙铁头，可将烙铁头放在松香或石棉毡上摩擦，擦掉烙铁头上的氧化层及污物，并观察烙铁头的温度是否适宜。焊接中，工具安放整齐，电烙铁要拿稳对准，一手拿电烙铁，另一手拿焊锡丝，先将烙铁头放于焊点处，随后跟进焊锡，待锡液在焊点四周充分熔开后，快速向上提起烙铁头。每次下焊时间不得超过 2 s。其具体焊接步骤如图 3-40 所示。

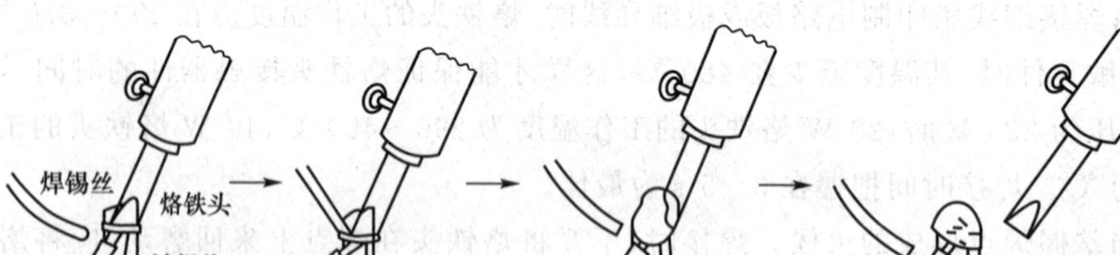

图 3-40　一般结构焊接步骤

2）印制电路板的焊接

① 印制电路板上焊接件的装置。在印制电路板上，由于它们自身的条件不同，所以装置的方法也各不相同。一般被焊件的装置方法如图 3-41 所示。晶体管的装置方法如图 3-42 所示。

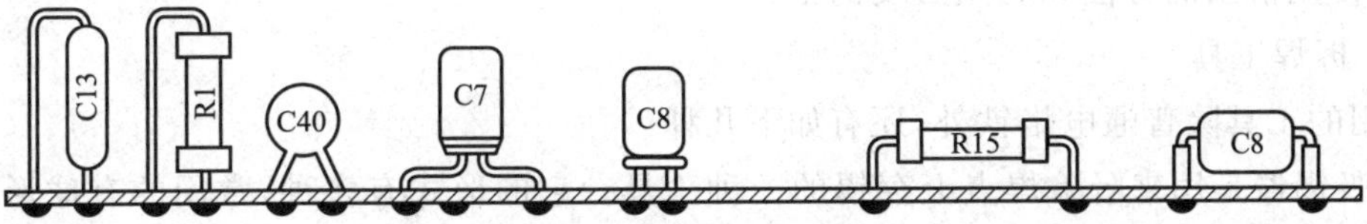

图 3-41 印刷线路板上一般被焊件的装置方法

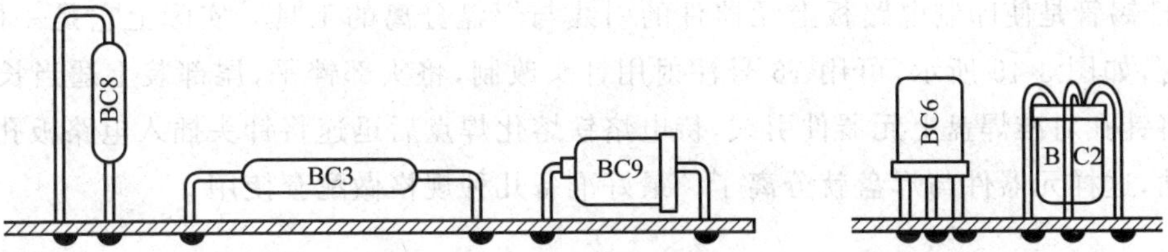

图 3-42 印刷线路板上晶体管的装置方法

② 焊接步骤。将温度合适的烙铁头对准焊点，并在烙铁头上熔化少量的焊锡和松香；在烙铁头上的焊剂尚未挥发完时，烙铁头与焊锡丝先后接触焊接点，开始熔化焊锡丝；在焊锡熔化到适量和焊接点上焊锡充分的情况下，要迅速移开焊锡缝和烙铁头，移开焊锡丝的时间绝不能迟于烙铁头离开的时间，一定要同时完成。

3）集成电路的焊接

① 集成电路在印刷线路板上的装置方法如图 3-43 所示。

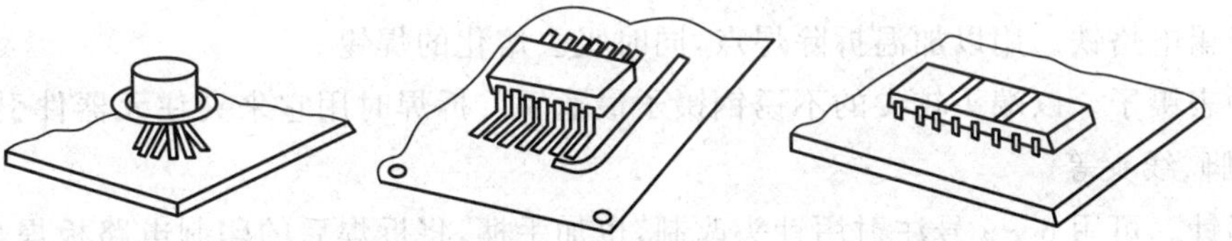
图 3-43 集成电路在印刷线路板上的装置方法

② 焊接步骤。集成电路的接点多而密，焊接时烙铁头应选用尖形的，焊接温度以 230 ℃为宜，焊接时间要短，焊料和焊剂量都应严格控制，只需用烙铁头挂少量焊锡，轻轻在器件引线与接点点上即可。另外，对所使用的电烙铁应可靠的接地或将电烙铁外壳与印制电路板用导线连接，也可拔下烙铁的电源插头趁热焊接。

4）绕组线头的焊接

先清除线头的绝缘层，线头连接后，置于水平状态再下焊，使锡液充分填满接头上的所有空隙。焊接后的接头含锡要丰满光滑、无毛刺。

5）桩头接头的焊接

将剥去绝缘层的单芯或多股芯线清除氧化层，并拧紧多股芯线头，再清除接线耳内氧化层，把镀锡后的线头塞入涂有焊剂的接线耳内下焊，焊后的接线耳端口也要丰满光滑。在焊锡未充分凝固时，切不要摇动线头。

4. 拆焊

拆焊是焊接的逆操作。在实际操作中，往往拆焊比焊接更困难，因此拆焊元器件或导线时，必须使用恰当的方法和利用必要的工具。

(1) 拆焊工具

常用的工具除普通电烙铁外，还有如下几种：

① 吸锡器是用来吸除焊点上存锡的一种工具。它的形式有多种，常用的有球形吸焊器，如图 3-44 所示。用橡皮囊压缩空气，将热熔化的焊锡通过特别的吸锡嘴吸入球体内，拔出吸锡管就可倒出存锡。还有管式吸锡器，利用抽拉吸锡。

② 排锡管是使印制电路板上元器件的引线与焊盘分离的工具。实际上它是一根空芯的不锈钢管，如图 3-45 所示，可用 16 号注射用针头改制，将头部锉平，尾部装上适当长的手柄，使用时将针孔对准焊盘上元器件引线，待电烙铁熔化焊点后迅速将针头插入电路板孔内，同时左右旋动，这样元器件与焊盘就分离了。最好准备几种规格做配套使用。

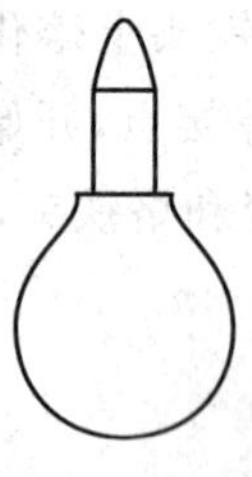

图 3-44 球形吸锡器

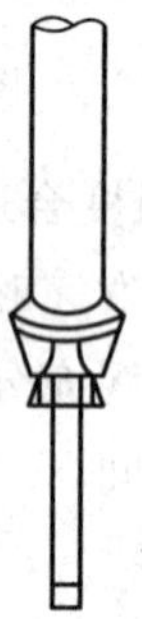

图 3-45 排锡管

③ 吸锡电烙铁。用以加温拆除焊点，同时吸去熔化的焊锡。

④ 钟表镊子。以端头较尖的不锈钢镊子最适用。拆焊时用它来夹住元器件引线，或用镊尖挑起弯脚、线头等。

⑤ 捅针。可用 6～9 号注射用针头改制，也加手柄，将拆焊后的印制电路板焊盘上被焊锡堵住的孔，用电烙铁加温，再用捅针清理小孔，以便重新插入元器件。

(2) 一般焊接点的拆焊方法

一般焊接点有搭焊、钩焊、插焊和网焊，对于前 3 种的拆焊比较简单，仅需用烙铁在需拆焊点上加温，焙化焊锡，然后用镊子拆下元器件引线。但拆除网焊接点就比较困难，可在离焊点约 10 mm 处将欲拆的元器件引线剪断，然后再与新元器件焊接。

(3) 印制电路板上装置件的拆焊

印制电路板上装置件不同，拆焊方法也不同。

① 分点拆焊法焊接在印制电路板上的阻容元件，只有两个焊接点，当水平装置时，两个焊接点之间的距离较大，可先拆除一端焊点的引线，再拆除另一端，最后将元件拔出。

② 集中拆焊法。焊接在印制电路板上的集成电路、中频变压器等，有多个焊接点，像多接点插件、转换开关、三极管等，它们的焊接点之间的距离很近，而且较密集，就采用集中拆焊法：先用电烙铁和吸锡工具逐个将焊接点上的焊锡吸掉，再使用排锡管将元器件引线逐个与焊盘分离，最后将元器件拔下。

总之，拆焊最重要的是加热迅速、精力集中、动作要快。

5. 步骤要求

① 将折弯成的单芯铜线立方体焊接成形。

步骤：先将焊接点处的氧化层刮去，镀锡，最后把两个焊接件进行对焊，不搭焊。

② 在自编网格上进行搭焊训练，焊点要在 60 min 内达到 100 ℃。

方法：在钉有 10×10 等距元结点铁钉的木框上，用粗 0.5 mm 的细铜线编制成网格，自编网格如图 3-46 所示，然后在交叉结点上进行搭焊。

③ 在废旧印制电路板上插焊阻容元件（平放）20 个，经检查后，再进行拆焊，并检查焊孔和元件端子。

步骤：刮去元件端子的氧化层，镀锡，按确定的长短折弯端子，插入焊孔进行焊接。焊接后元件面的元件要平齐，焊接面的焊点要均匀。拆焊时要注意焊接面的铜皮不能翘起。

④ 在有集成电路插孔的废旧印制电路板上，插焊废旧集成电路元件 5 块，经检查后，再进行拆焊，并检查焊孔和元件端子。

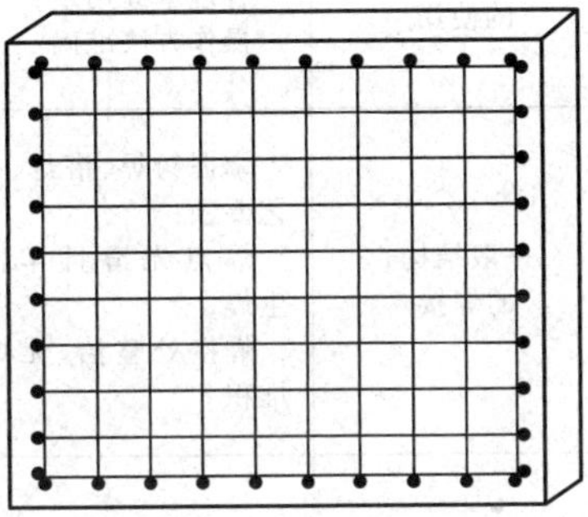
图 3-46 自编网格的形状

步骤：将直排式集成元件插入对应的焊孔，按焊接步骤进行操作，焊接完成经检查后再拆焊，最后检查焊孔和元件端子。

三、实训记录

① 一般焊接的种类有________，________，________，________。

焊接要点：________________________，

________________________，

________________________。

② 印制电路板的焊接要点：________________________，

________________________，

________________________。

③ 集成电路的焊接要点：________________________，

________________________，

________________________。

④ 将完成的焊接情况填入记录表。

焊接名称	焊点个数	焊接时间	焊点质量	拆焊时间	拆焊质量
对焊					
搭焊					
阻容元件插焊					
集成电路焊接					

四、成绩评定

项　　目	技术要求	配分	扣分标准		得分
电烙铁的使用	规范使用； 正确选择	20 分	不会电烙铁握法每次扣 5 分，使用不规范扣 5 分； 不能正确选择扣 10 分		
焊剂焊料的使用	正确选择规格； 合理掌握用量； 操作方法准确	20 分	不会选择扣 5 分； 用量掌握不当，每次扣 5 分； 使用不规范，操作不准确，每次扣 10 分		
一般结构的焊接	掌握钩焊、搭焊、插焊和网焊的工艺要领； 焊点光滑且牢固，无毛刺和夹生焊； 焊接处整洁，无焊剂脏污和焊料堆积	20 分	不掌握焊接工艺要领，每项扣 10 分； 夹生焊点，每个扣 5 分； 毛刺焊点，每个扣 2 分； 脏焊点，每个扣 2 分； 焊料堆积的焊点，每个扣 2 分		
电子元件及集成电路焊接	掌握焊接的工艺要领； 焊点光滑牢固，无虚焊和假焊，无毛刺； 焊接处整洁，无焊剂脏污和焊料堆积	20 分	不掌握焊接工艺要领，每项扣 10 分； 虚焊、假焊点，每个扣 5 分； 毛刺焊点，每个扣 2 分； 脏焊点，每个扣 2 分； 焊料堆积的焊点，每个扣 2 分		
拆焊	限时拆焊，保证元件不损坏； 拆焊后铜皮不能翘起； 焊孔不能堵塞，焊接面平整； 拆焊动作规范，要领得当	20 分	因拆焊引起铜皮翘起，每处扣 10 分； 焊孔堵塞，每个扣 2 分； 拆焊每超 5 min 扣 2 分； 拆焊要领不当，动作不规范，每次扣 5 分		
安全文明操作	违反安全操作、损坏工具或仪表扣 20～50 分				
考评形式	时限成果型	教师签字		总分	

基础实训四　常用低压电器的认识与使用

一、实训目的

① 掌握常用低压电器的结构、工作原理及使用、测试、拆装、检修方法；

② 了解电气控制电路的设计、绘制的基本原则及相应的国家标准；

③ 掌握三相异步电动机直接启动控制、限位控制、顺序控制、多地控制、降压启动控制、调速控制、制动控制等控制电路的设计、绘制原则；

④ 会进行电气控制电路的器件布局、电气接线、功能调试；

⑤ 会进行电气控制电路的测试、维护与故障检修。

二、内容要求

在生产过程自动化装置中，大多采用电动机拖动各种生产机械，这种拖动的形式称为电力拖动。为提高生产效率，就必须在生产过程中对电动机进行自动控制，以及控制电动机的启动、正反转、调速及制动等。实现控制的手段较多，在先进的自控装置中可采用可编程控制器、单片机、变频器及计算机控制系统，但使用更广的仍是按钮、接触器、继电器组成的继电接触控制电路。低压电器通常是指工作在额定电压交流 1.2 kV 或直流 1.5 kV 及以下的电路中，起保护、控制、调节、转换和通断作用的基础电器元件。低压电器的分类如下：

① 按用途或所控制的对象可分为：低压配电电器、低压控制电器。

② 按动作方式可分为：自动切换电器、非自动切换电器。

③ 按低压电器的执行机构可分为：有触点电器、无触点电器。

1. 常用开关类低压电器的认识与使用

(1) 开启式负荷开关

开启式负荷开关又称闸刀开关，它由刀开关和熔断器组成，二者均装在瓷底板上，按刀极数可分为二极和三极两种，三极闸刀开关结构、图形及文字符号如图 3-47 所示。它具有结构简单、价格便宜、安装使用维修方便等优点。刀开关装在上部，由进线座和静触座组成。熔断器装在下部，由出线座、熔丝和动触刀组成。动触刀上装有瓷手柄便于操作，上下两部分的两个胶盖用紧固螺钉固定，胶盖将开关零件罩住，以防止电弧伤人或触及带电体。这种开关不易分断有负载的电路，但由于其结构简单、价格便宜，在一般的照明电路和 1.5 kW 以下小功率电动机的控制电路中使用。

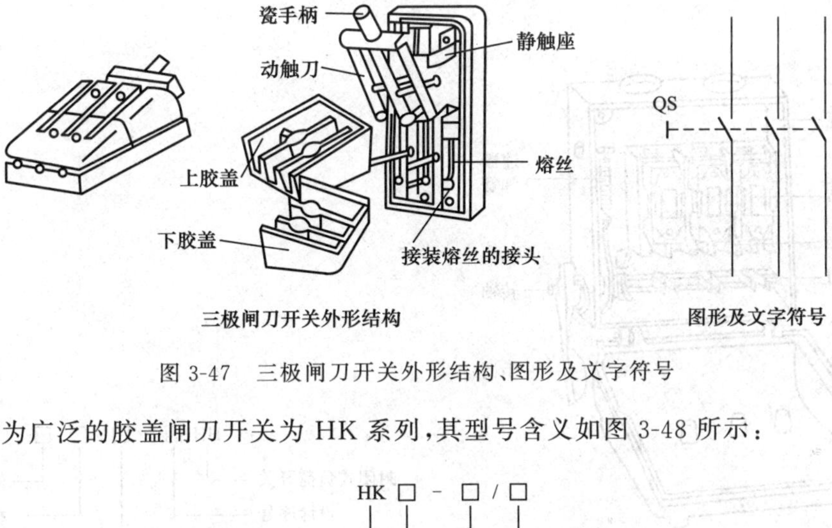

三极闸刀开关外形结构　　图形及文字符号

图 3-47　三极闸刀开关外形结构、图形及文字符号

使用较为广泛的胶盖闸刀开关为 HK 系列，其型号含义如图 3-48 所示：

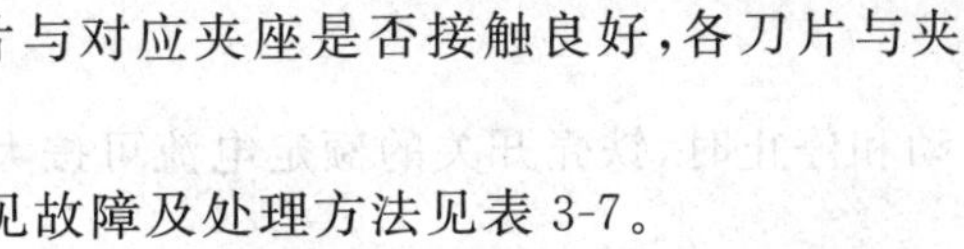

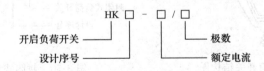

图 3-48　HK 闸刀开关型号含义

选用开启式负荷开关应注意：额定电压、额定电流及极数的选择应符合电路的要求；选择开关时，应注意检查各刀片与对应夹座是否接触良好，各刀片与夹座开合是否同步。如有问题，应予以修理或更换。

开启式负荷开关的常见故障及处理方法见表 3-7。

表 3-7 开启式负荷开关的常见故障及处理方法

故障现象	故障原因	处理方法
合闸后，开关一相或两相开路	静触点弹性消失，开口过大，造成动、静触点接触不良； 熔丝熔断或虚连； 动、静触点氧化或有尘污； 开关进线或出现线头接触不良	修整或更换静触点； 更换熔丝或紧固； 清洁触点； 重新连接
合闸后，熔丝熔断	外接负载短路； 熔体规格偏小	排除负载短路故障； 按要求更换熔体
触点烧坏	开关容量太小； 拉、合闸动作过慢，造成电弧过大，烧坏触点	更换开关； 修整或更换触点，并改善操作方法

(2) 封闭式负荷开关

主要由刀开关、瓷插式熔断器、操作机构和铁壳等组成，在铁壳开关的手柄转轴和底座至夹座间装有一个速断弹簧，用钩子扣在转轴上。当扳动手柄分闸或合闸时，弹簧力会使闸刀的U形双刀片快速从夹座拉开或迅速嵌入夹座，电弧被很快熄灭。为保证安全，开关上装有联锁装置，当箱盖打开时不能合闸，闸刀合闸后箱盖不能打开。安装时铁壳应可靠接地，以防因漏电引起操作者触电。铁壳开关常用于不频繁的接通、分断电路，可作为电源的隔离开关，也可用来直接启动小功率电动机。封闭式负荷开关的外形如图 3-49 所示，型号含义如图 3-50 所示。

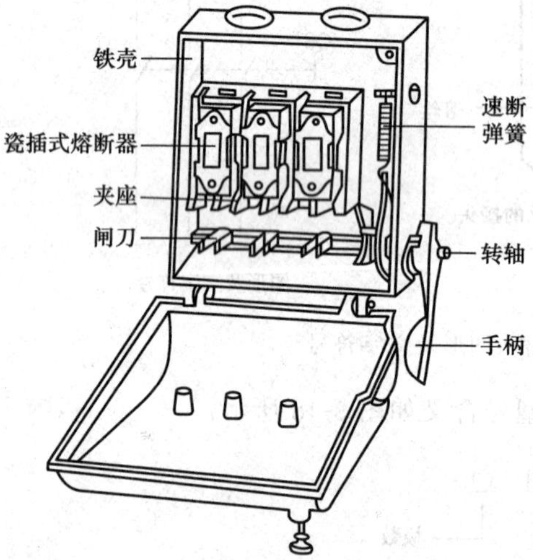

图 3-49 封闭式负荷开关结构图

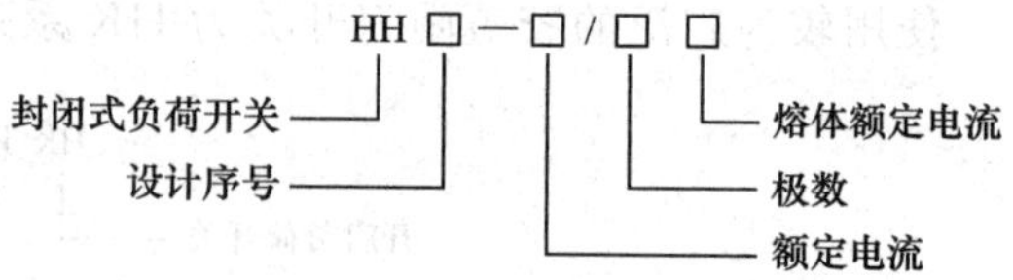

图 3-50 封闭式负荷开关型号含义

封闭式负荷开关的选用有以下注意事项：

① 作为隔离开关或控制电热、照明等电阻性负载时，铁壳开关的额定电流等于或稍大于负载的额定电流即可；

② 用于控制电动机启动和停止时，铁壳开关的额定电流可按大于或等于两倍电动机额定电流选取。

封闭式负荷开关常见故障及处理方法见表 3-8。

表 3-8 封闭式负荷开关常见故障及处理方法

故障现象	故障原因	处理方法
操作手柄带电	外壳未接地或接地线松脱； 电源进出线绝缘损坏碰壳	检查后，加固接地导线； 更换导线或恢复绝缘
夹座（静触点）过热或烧坏	夹座表面烧毛； 闸刀与夹座压力不足； 负载过大	用细锉修整夹座； 调整夹座压力； 减轻负载或更换大容量开关

(3) 组合开关

组合开关又叫转换开关，实际也是一种特殊的刀开关。图 3-51 所示为组合开关的外形、结构及图形与文字符号。组合开关是用动触片向左、右旋转来代替闸刀的推合和拉开，结构较为紧凑。通常是不带负荷操作的，以防止触点因电流过大产生电弧。在机床上作电源的引入开关时，标牌一般注明"有负荷不准断电"字样。

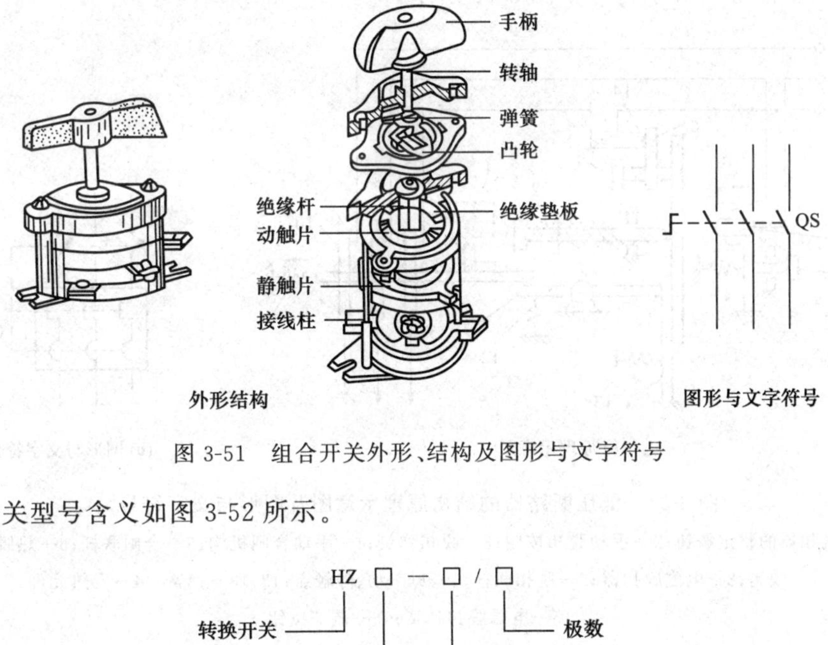

图 3-51 组合开关外形、结构及图形与文字符号

组合开关型号含义如图 3-52 所示。

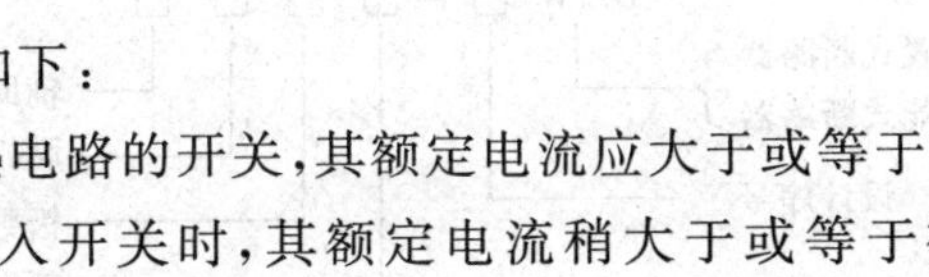

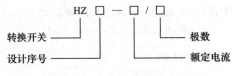

图 3-52 组合开关型号含义

组合开关的选用条件如下：

① 用于一般照明、电热电路的开关，其额定电流应大于或等于被控电路的负载电流总和。

② 当用作设备电源引入开关时，其额定电流稍大于或等于被控制电路的负载电流的总和。

③ 当用于直接控制电动机时，其额定电流一般可取电动机额定电流的 2～3 倍。

组合开关的常见故障及处理方法如表 3-9 所示。

表 3-9 组合开关的常见故障及处理方法

故障现象	故障原因	处理方法
手柄转动后，内部触点未动。	手柄上的轴孔磨损变形； 绝缘杆变形(由方形磨为圆形)； 手柄与方轴，或轴与绝缘杆配合松动； 操作机构损坏	调换手柄； 更换绝缘杆； 紧固松动部件； 修理更换
手柄转动后，动、静触点不能按要求动作	组合开关型号选用不正确； 触点角度装配不正确； 触点失去弹性或接触不良	更换开关； 重新装配； 更换触点，清除氧化层和污染
接线柱间短路	因铁屑或油污附着在接线柱间，形成导电层，将胶木烧焦，绝缘损坏而形成短路	更换开关

(4) 低压断路器

低压断路器又称为低压自动开关，常用的低压断路器因结构不同分为两类：装置式和万能式。低压断路器在作用上相当于刀开关、熔断器和欠电压继电器的组合。它的结构形式很多，其原理示意图及图形与文字符号如图 3-53 所示。

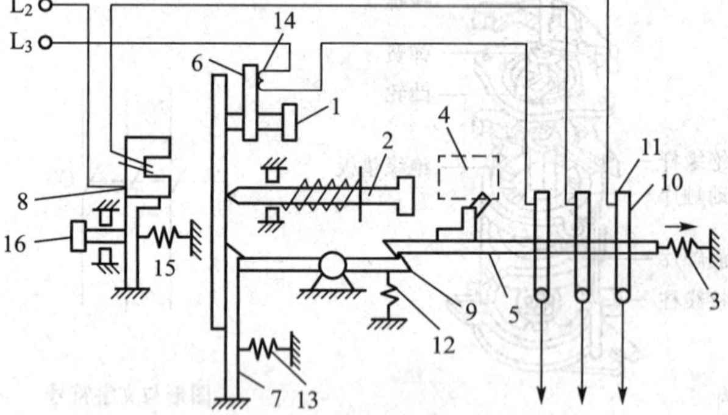

(a) 原理示意图

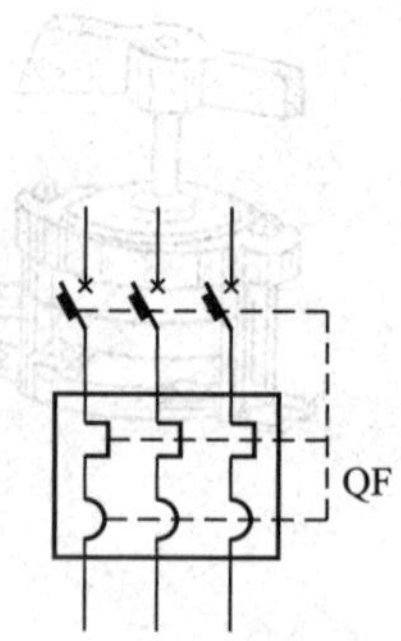

(b) 图形与文字符号

图 3-53 低压断路器的结构原理示意图及图形与文字符号

1—热脱扣器的整定按钮；2—手动脱扣按钮；3—脱扣弹簧；4—手动合闸机构；5—合闸联杆；6—热脱扣器；7—锁钩；8—电磁脱扣器；9—脱扣联杆；10、11—动、静触点；12、13—弹簧；14—发热元件；15—电磁脱扣弹簧；16—调节按钮

低压断路器的型号含义如图 3-54 所示。

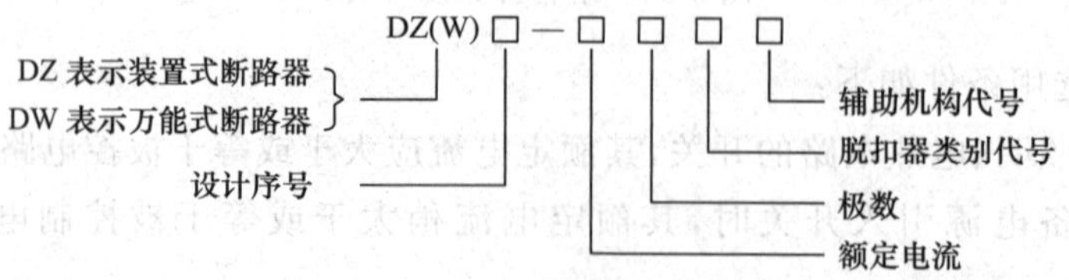

图 3-54 低压断路器的型号含义

常用的两种低压断路器分别是 DZ5-20 型装置式低压断路器(见图 3-55)和 DW10 型万能

式低压断路器(见图 3-56)。

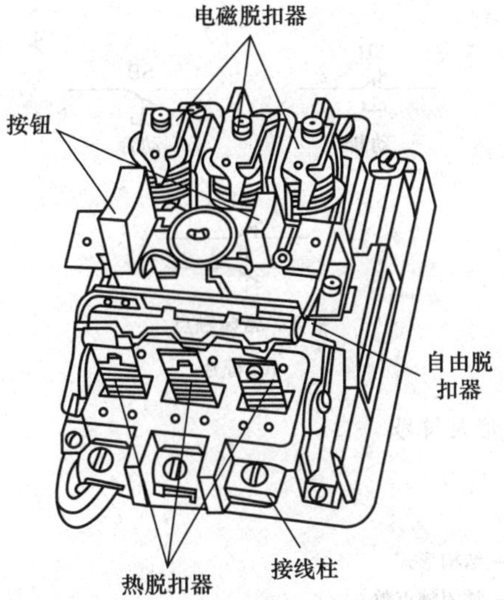

图 3-55 DZ5-20 型装置式低压断路器

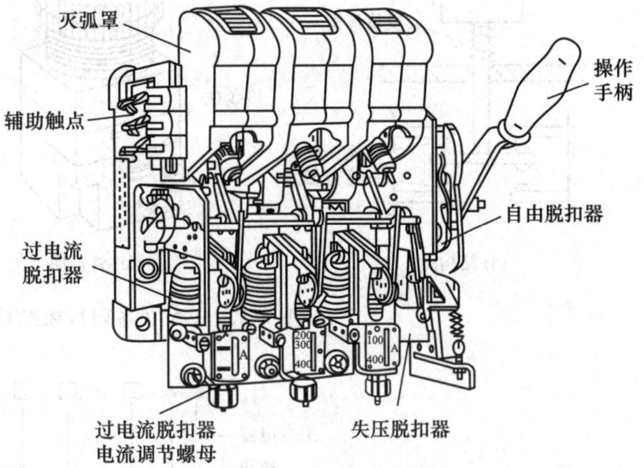

图 3-56 DW10 型万能式低压断路器

低压断路器的选用条件如下:

① 低压断路器的额定电压应高于线路的额定电压。

② 用于控制照明电路时,电磁脱扣器的瞬时脱扣整定电流一般取负载的 6 倍。用于电动机保护时,装置式低压断路器电磁脱扣器的瞬时脱扣整定电流应为电动机启动电流的 1.7 倍。万能式低压断路器的瞬时脱扣整定电流应为电动机启动电流的 1.35 倍。

③ 用于分断或接通电路时,其额定电流和热脱扣器整定电流均应等于或大于电路中负载额定电流的 2 倍。

④ 选用低压断路器作为多台电动机短路保护时,电磁脱扣器整定电流为容量最大的一台电动机启动电流的 1.3 倍加上其余电动机额定电流的 2 倍。

⑤ 选用低压断路器时,在类型、等级、规格等方面要配合上、下级开关的保护特性,不允许因本级保护失灵导致越级跳闸,扩大停电范围。

2. 主令电器的认识与使用

(1) 按钮

按钮是一种结构简单应用非常广泛的主令电器,一般情况下它不直接控制主电路的通断,而在控制电路中发出手动“指令”来控制接触器、继电器等电路,再由它们去控制主电路。按钮触点允许通过的电流很小,一般不超过 5 A。按钮一般由常开(动合)、常闭(动断)触点复合而成,使用中按其结构和功能不同可分为停止按钮、启动按钮和复合按钮。常用的有 LA10、LA18、LA19 和 LA25 等系列。如图 3-57 所示的 LA19 系列按钮结构、外形及符号。常用按钮型号含义如图 3-58 所示。常见按钮颜色的含义见表 3-10。

按钮的选用条件如下:

① 根据使用场合,选择按钮的种类;

② 根据用途,选用合适的形式;

③ 按控制回路的需要，确定不同按钮数；

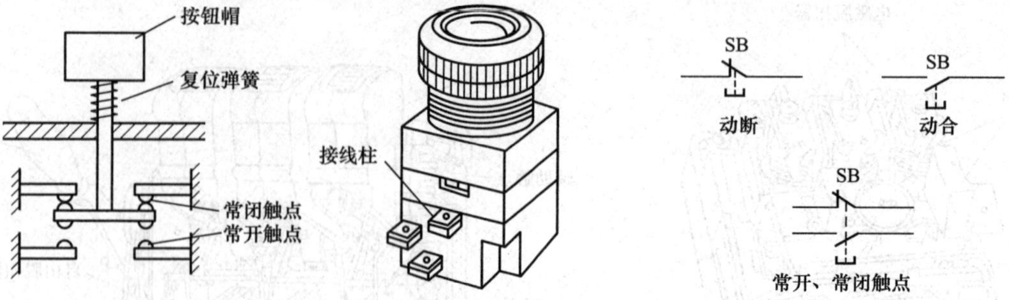

(a) 结构图　　(c) 外形图　　(c) 符号

图 3-57　LA19 系列按钮结构、外形及符号

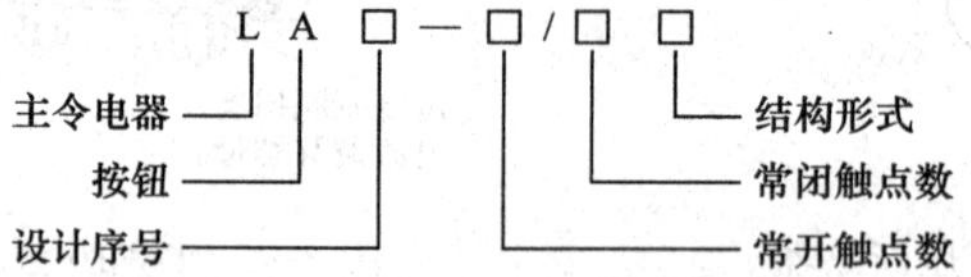

图 3-58　常用按钮型号含义

表 3-10　按钮颜色的含义

颜　色	含　义	说　明	应用示例
红	紧急	危险或紧急情况时操作	急停
黄	异常	异常情况时操作	干预、制止异常情况；干预、重启中断了的自动循环
绿	安全	安全情况或未正常情况准备时操作	启动/接通
蓝	强制性的	要求强制动作情况下的操作	复位功能
白	未赋予特定含义	除急停以外的一般功能的启动	启动/接通(优先)；停止/断开
灰			启动/接通；停止/断开
黑			启动/接通；停止/断开(优先)

④ 按工作状态指示和工作情况要求，选择按钮和指示灯的颜色(参照国家有关标准)；

⑤ 核对按钮额定电压、电流等指标是否满足要求。

按钮的常见故障及处理方法如 3-11 所示。

表 3-11　按钮的常见故障及处理方法

故障现象	故障原因	处理方法
触点接触不良	触点烧损； 触点表面有尘垢； 触点弹簧失效	修整触点或更换产品； 清洁触点表面； 重绕弹簧或更换产品
触点间短路	塑料受热变形，导致接线螺钉相碰短路； 杂物或油污在触点间形成通路	更换产品，并查明发热原因； 清洁按钮内部

(2) 行程开关

行程开关(又称限位开关)是一种常用的小电流主令电器。利用生产机械运动部件的碰撞使其触点动作来实现接通或分断控制电路,达到一定的控制目的。通常,这类开关被用来限制机械运动的位置或行程,使运动机械按一定位置或行程自动停止,做反向运动、变速运动或自动往返运动等。在电气控制系统中,位置开关的作用是实现顺序控制、定位控制和位置状态的检测。用于控制机械设备的行程及限位保护。其是由操作头、触点系统和外壳组成的。在实际生产中,将行程开关安装在预先安排的位置,当装于生产机械运动部件上的模块撞击行程开关时,行程开关的触点动作,实现电路的切换。因此,行程开关是一种根据运动部件的行程位置而切换电路的电器,它的作用原理与按钮类似。

行程开关广泛用于各类机床和起重机械,用以控制其行程、进行终端限位保护。在电梯的控制电路中,还利用行程开关来控制开关门的速度,自动开关门的限位,轿厢的上、下限位保护。

行程开关可以安装在相对静止的物体(如固定架、门框等,简称静物)上或者运动的物体(如行车、门等,简称动物)上。当动物接近静物时,开关的连杆驱动开关的接点,引起闭合的接点分断或者断开的接点闭合。由开关接点开、合状态的改变去控制电路和机构的动作。

为了适应生产机械对行程开关的碰撞,行程开关与生产机械的碰撞部分有不同的结构形式,常用碰撞部分有直动式(按钮式)和滚轮式(旋转式),其中滚轮式又有单滚轮式和双滚轮式两种,行程开关的结构如图 3-59 所示。

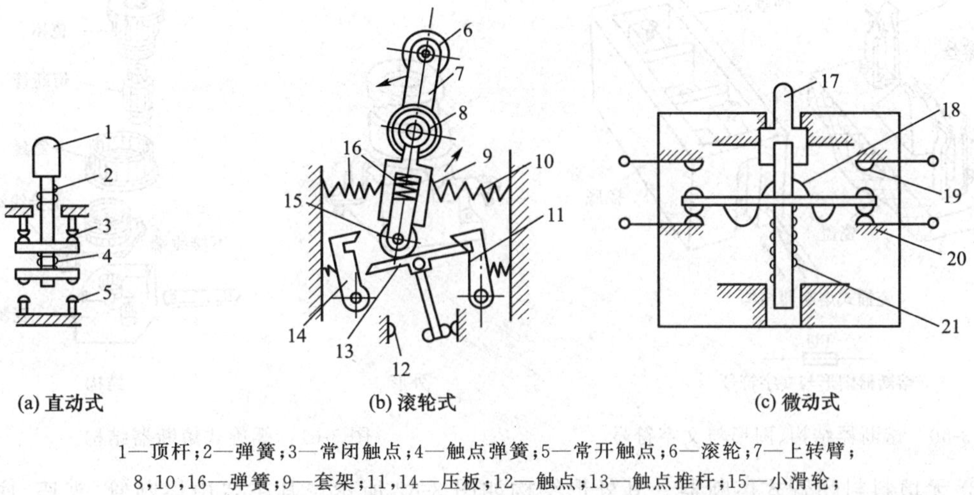

1—顶杆;2—弹簧;3—常闭触点;4—触点弹簧;5—常开触点;6—滚轮;7—上转臂;
8,10,16—弹簧;9—套架;11,14—压板;12—触点;13—触点推杆;15—小滑轮;
17—推杆;18—弯形片状弹簧;19—常开触点;20—常闭触点;21—恢复弹簧

图 3-59 行程开关的结构

行程开关触点允许通过的电流较小,一般不超过 5 A。选用行程开关时,应根据被控制电路的特点、要求及使用环境、所需触点数量等因素综合考虑。行程开关的常见故障及处理方法如表 3-12 所示。

表 3-12　行程开关的常见故障及处理方法

故障现象	故障原因	处理方法
挡铁碰撞位置开关后，触点不动作	安装位置不准确； 触点接触不良或接线松脱； 触点弹簧失效	调整安装位置； 清刷触点或紧固接线； 更换弹簧
杠杆已经偏转，或无外界机械力作用，但触点不复位	复位弹簧失效； 内部撞块卡阻； 调节螺钉太长，顶住开关按钮	更换弹簧； 清扫内部杂物； 检查调节螺钉

3. 低压熔断器的认识与使用

熔断器俗称保险，在低压配电线路中主要起短路保护作用。由熔体（或熔丝）和放置熔体的绝缘底座（或绝缘管）组成，其熔体用低熔点的金属丝或金属薄片制成。熔断器串联在被保护电路中，当发生短路或严重过载时，熔体因电流过大而过热熔断，自行切断电路，达到保护的目的。熔体在熔断时产生强烈的电弧并向四周飞溅，因而通常把熔体装在壳体内，并采取其他措施（如壳体内填充石英砂）以快速熄灭电弧。常见的熔断器有以下几种：

① 瓷插式熔断器。其结构、图形与文字符号如图 3-60 所示，这是一种最简单的熔断器。常见的为 RCIA 系列。

② 螺旋式熔断器。螺旋式熔断器结构如图 3-61 所示，是由熔管及支持件（瓷制底座、带螺纹的瓷帽和瓷套）所组成。熔管内装有熔丝并充以石英砂。熔体熔断后，带色标的指示头弹出，便于发现更换。目前国内统一设计的螺旋式熔断器有 RL6、RL7、RLS2 等系列。

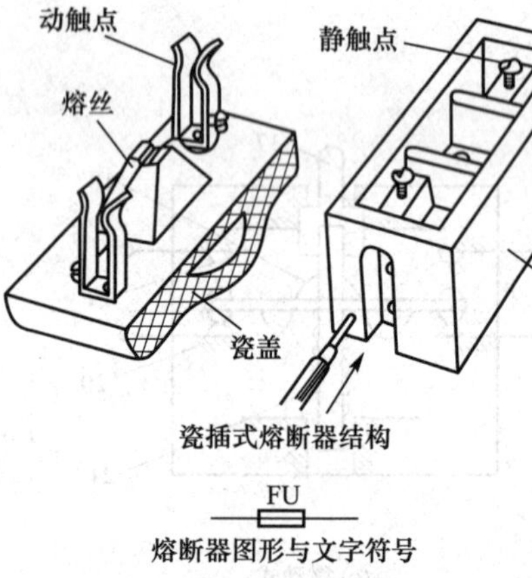

图 3-60　熔断器结构、图形与文字符号

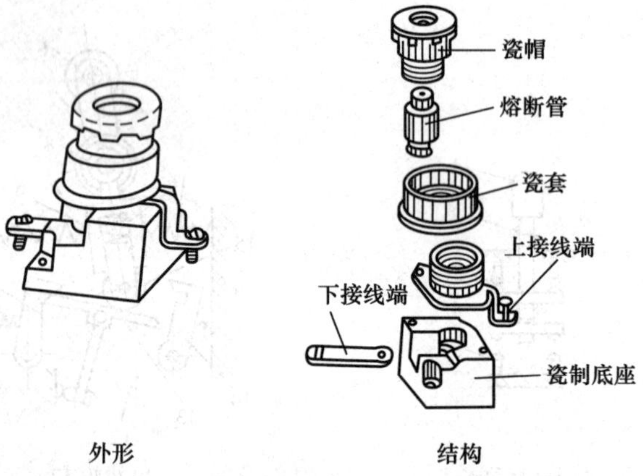

图 3-61　螺旋式熔断器结构

③ 无填料封闭管式熔断器。其外形结构如图 3-62 所示。其主要由熔断管、夹座、底座等部分组成。在使用时应按要求选择熔断器，熔断器的额定电流应等于或大于熔体的额定电流，其额定电压必须不低于线路的额定电压。熔体的额定电流过大，当线路发生短路或故障时熔体不能很快熔断，失去保护作用；过小则频繁熔断。对电炉、照明等负载电流比较平稳的电气熔体，额定电流应大于或等于负载的额定电流。

④ 填料封闭管式熔断器。填料封闭管式熔断器主要由熔管、触刀、夹座、底座等部分组成，如图 3-63 所示。

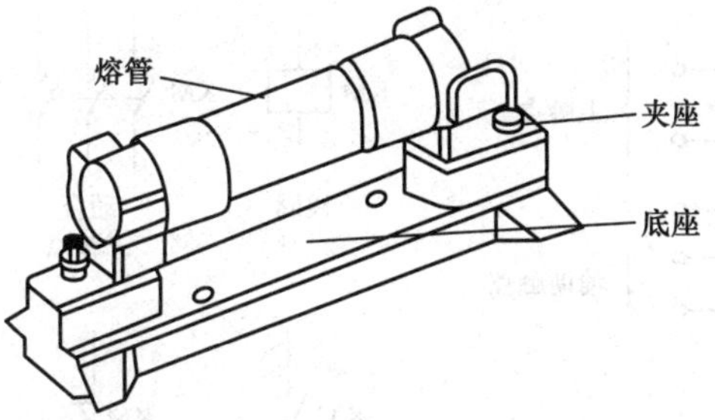

图 3-62 无填料封闭管式熔断器外形结构

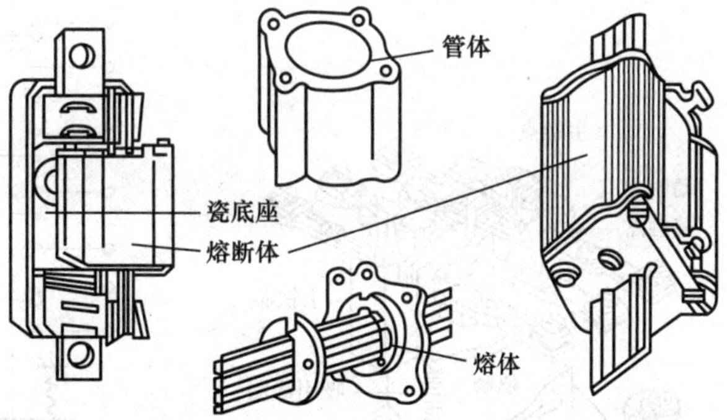

图 3-63 填料封闭管式熔断器

选择熔断器主要应考虑熔断器的种类、额定电压、熔断器额定电流等级和熔体的额定电流。

① 熔断器的额定电压 U_N 应大于或等于线路的工作电压 U_L。

② 熔断器的额定电流 I_N 必须大于或等于所装熔体的额定电流 I_{RN}。

③ 熔体额定电流 I_{RN} 的选择：

❖ 当熔断器保护电阻性负载时，熔体的额定电流等于或稍大于电路的工作电流即可；

❖ 当熔断器保护一台电动机时，熔体的额定电流可按 $I_{RN} \geqslant (1.5 \sim 2.5) I_N$ 计算；

❖ 当熔断器保护多台电动机时，熔体的额定电流可按 $I_{RN} \geqslant (1.5 \sim 2.5) I_{N(max)} + \sum I$ 计算。

熔断器的常见故障及处理方法如表 3-13 所示。

表 3-13 熔断器的常见故障及处理方法

故障现象	故障原因	处理方法
电路接通瞬间，熔体熔断	熔体电流等级选择太小； 负载侧短路或接地； 熔体安装时受机械损伤	更换熔体； 排除负载故障； 更换熔体
熔体未见熔断，但电路不通	熔体或接线座接触不良	重新连接

4. 交流接触器的认识与使用

接触器是一种电器开关，它通过电磁力作用下的吸合和反力弹簧作用下的释放使触头闭合和分断，导致电路的接通和断开。

(1) 交流接触器的结构

交流接触器的主要由电磁系统、触点系统、灭弧室及其他部分组成。图 3-64 所示为交流接触器的结构原理及图形与文字符号。当电磁铁线圈未通电时，处于断开状态的触点称为常开触点，处于接通状态的触点称为常闭触点。当电磁线圈通电后，电磁铁的电磁吸力使动铁芯(衔铁)吸合，带动各常开触点闭合，各常闭触点断开。三对常开的主触点用于控制主电路中的电动机负载，还有两对常开和常闭辅助触点，可用于通断控制回路中的电器元件。

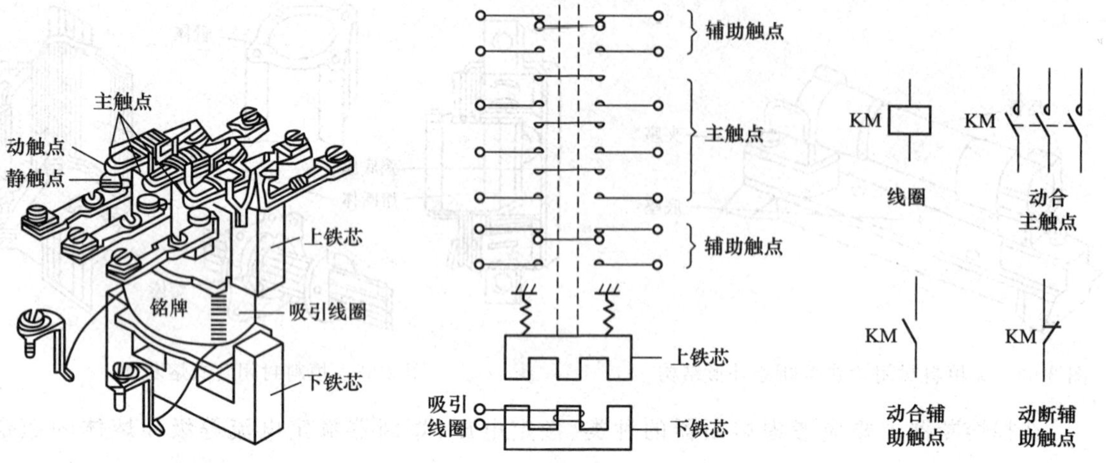

(a) 结构图　(b) 原理图　(c) 图形与文字符号

图 3-64　交流接触器结构原理及图形与文字符号

(2) 交流接触器的选用

交流接触器在选用时,其工作电压不低于被控制电路的最高电压,交流接触器主触点额定电流应大于被控制电路的最大工作电流。用交流接触器控制电动机时,电动机最大电流不应超过交流接触器额定电流允许值。用于控制可逆运转或频繁启动的电动机时,交流接触器要增大一至二级使用。

交流接触器电磁线圈的额定电压应与被控制辅助电路电压一致,对于简单电路,多用 380 V 或 220 V;在线路较复杂或有低压电源的场合或工作环境有特殊要求时,也可选用 36 V 或 127 V 等。接触器触点的数量、种类等应满足控制电路的要求。

5. 热继电器的认识与使用

继电器是根据某种输入物理量的变化,来接通和分断控制电路的电器。常用的继电器有热继电器、中间继电器、电流继电器、电压继电器、时间继电器、速度继电器及压力继电器等。本节主要介绍热继电器。

(1) 热继电器的结构

热继电器是利用电流的热效应而动作的保护电器。主要由发热元件、双金属片、动作机构、触点、复位按钮和整定电流装置五部分组成。具有过载保护作用。热继电器的结构原理及图形与文字符号如图 3-65 所示,它由发热元件、触点、动作机构、复位按钮和整定电流装置五部分组成。发热元件由双金属片及绕在双金属片外面的电阻丝组成,双金属片由两种热膨胀系数不同的金属片复合而成。使用时将电阻丝直接串联在异步电动机的电路上。

(2) 热继电器的工作原理

当电路正常工作时,对应的负载电流流过发热元件产生的热量不足以使双金属片产生明显的弯曲变形。当设备过载时,负载电流增大,与它串联的发热元件产生的热量使双金属片产生弯曲变形,经过一段时间后,当弯曲程度达到一定幅度时,由导板推动杠杆,使热继电器的触点动作,其动断触点断开,动合触点闭合。

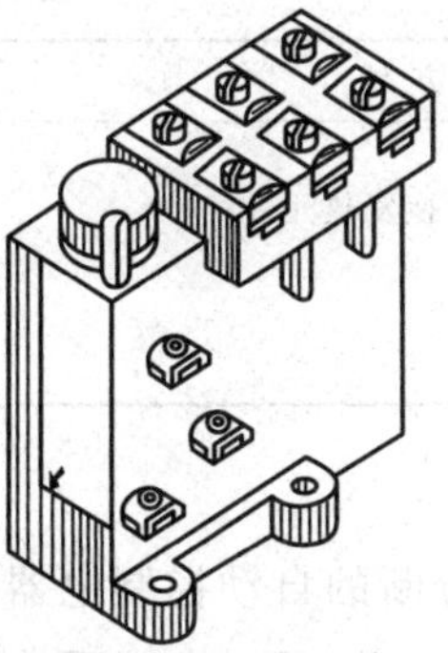

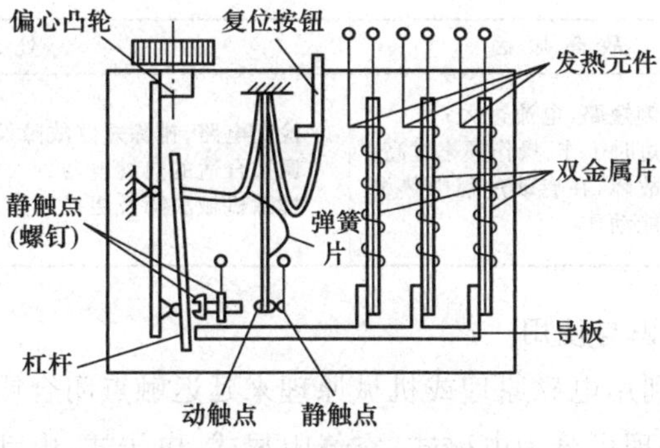

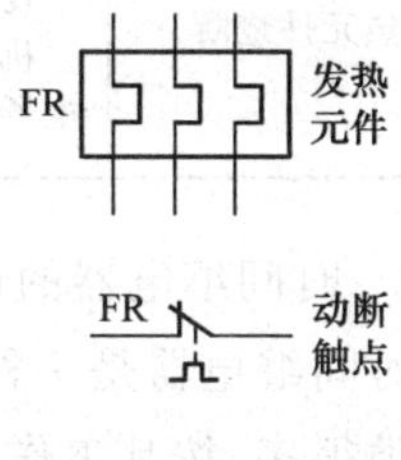

图 3-65　热继电器结构原理及图形与文字符号

热继电器的整定电流，是指热继电器长期运行而不动作的最大电流。通常只要负载电流超过整定电流 1.2 倍，热继电器必须动作。整定电流的调整可通过旋转外壳上方的旋钮完成，旋钮上刻有整定电流标尺，作为调整时的依据。

(3) 热继电器的选用

应根据保护对象、使用环境等条件选择相应的热继电器类型。

① 对于一般轻载启动、长期工作或间断长期工作的电动机，可选择两相保护式热继电器，当电源平衡性较差、工作环境恶劣或很少有人看守时，可选择三相保护式热继电器，对于三角形接线的电动机应选择带断相保护的热继电器。

② 额定电流或发热元件整定电流均应大于电动机或被保护电路的额定电流。当电动机启动时间不超过 5 s 时，发热元件整定电流可以与电动机的额定电流相等。若电动机频繁启动、正反转、启动时间较长或带有冲击性负载等情况下，发热元件的整定电流值应为电动机额定电流的 1.1～1.5 倍。

应注意热继电器可以作过载保护但不能作短路保护。对于点动、重载启动、频繁正反转及带反接制动等运行的电动机，一般不宜采用热继电器作过载保护。

(4) 热继电器的常见故障及处理方法

热继电器的常见故障及处理方法如表 3-14 所示。

表 3-14　热继电器的常见故障及处理方法

故障现象	故障原因	处理方法
热继电器误动作	整定值偏小； 电动机启动时间过长； 反复短时工作，操作频率过高； 强烈的冲击振动； 连接导线太细	合理调整整定值，如额定电流不符合要求应予更换； 从线路上采取措施，启动过程中使热继电器短接； 调换合适的热继电器； 选用带防冲击装置的热继电器； 调换合适的热继电器
热继电器不动作	整定值偏大； 触点接触不良； 发热元件烧断或脱落； 运动部分卡住； 连接导线太粗	合理调整整定值，如额定电流不符合要求应予更换； 清理触点表面； 更换热元件或补焊； 排除卡住现象，但用户不得随意调整，以免造成动作特性变化； 重新放入，推动几次看其动作是否灵活； 调换合适的连接导线

续表

故障现象	故障原因	处理方法
发热元件烧断	负载侧短路，电流过大； 反复短时工作，操作频率过高； 机械故障，在启动过程中热继电器不能动作	检查电路，排除短路故障及更换发热元件； 调换合适的热继电器； 排除机械故障及更换发热元件

6. 时间继电器的认识与使用

时间继电器是一种利用电磁原理或机械原理来延迟触点闭合或分断的自动控制电器。它的种类很多，按其工作原理可分为电磁式、空气阻尼式、电子式、电动式。按延时方式可分为通电延时和断电延时两种。

(1) 时间继电器的结构

图 3-66 所示为时间继电器的图形与文字符号。通常时间继电器上有好几组辅助触点，分为瞬动触点、延时触点。延时触点又分为通电延时触点和断电延时触点。所谓瞬动触点即是指当时间继电器的感测机构接收到外界动作信号后，该触点立即动作（与接触器一样），而通电延时触点则是指当接收输入信号（例如线圈通电）后，要经过一定时间（延时时间）后，该触点才动作。断电延时触点，则在线圈断电后要经过一定时间后，该触点才恢复。

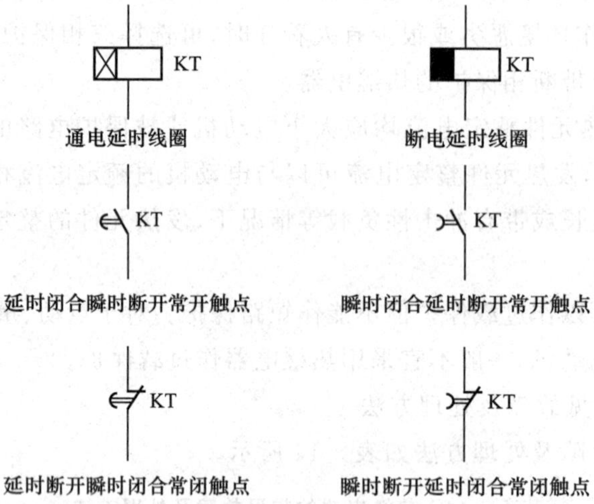

图 3-66 时间继电器的图形与文字符号

(2) JSZ3 系列时间继电器

比较常用的 JSZ3 系列时间继电器是采用集成电路和专业制造技术生产的新型时间继电器，具有体积小、质量小、延时范围广、抗干扰能力强、工作稳定可靠、精度高、延时范围宽、功耗低、外形美观、安装方便等特点，广泛应用于自动化控制中做延时控制之用。JSZ3 系列电子式时间继电器采用插座式结构，所有元件装在印制电路板上，用螺钉使之与插座紧固，再装上塑料罩壳组成本体部分，在罩壳顶部装有铭牌和整定电位器旋钮，并有动作指示灯。

JSZ3A 系列时间继电器的延时范围是 0.5 s/5 s/30 s/3 min。JSZ3 系列时间继电器的性能指标有电源电压：AC50 Hz，12 V、24 V、36 V、110 V、220 V、380 V；DC12 V、24 V 等；电寿

命：≥10×10[4] 次；机械寿命：≥100×10[4] 次；触点容量：AC 220 V 5 A，DC 220 V 0.5 A；重复误差：小于 2.5%；功耗：≤1 W；使用环境：－15 ℃～＋40 ℃。JSZ3 系列时间继电器的接线如图 3-67所示。电子式时间继电器在使用时，先预置所需延时时间，然后接通电源，此时红色发光二极管闪烁，表示计时开始。当达到所预置的时间时，延时触点实行转换，红色发光二极管停止闪烁，表示所设定的延时时间已到，从而实现定时控制。

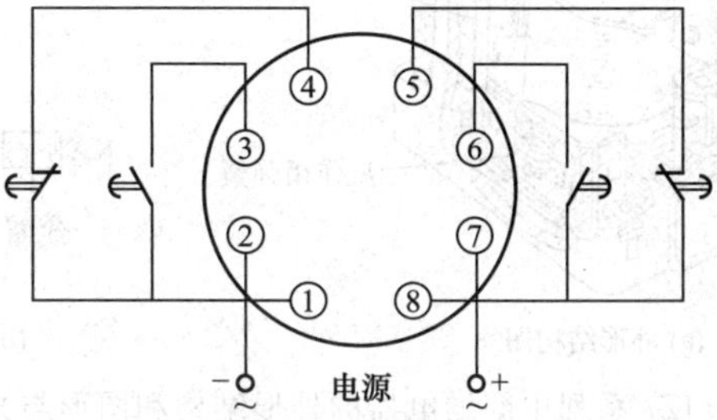

图 3-67　JSZ3 系列时间继电器的接线

（3）时间继电器的选用

① 应根据被控制电路的实际要求选择不同延时方式及延时时间、精度的时间继电器；

② 应根据被控制电路的电压等级选择电磁线圈的电压，使两者电压相符。

（4）时间继电器的常见故障及排除方法

时间继电器的常见故障及处理方法如表 3-15 所示。

表 3-15　时间继电器的常见故障及处理方法

故障现象	故障原因	处理方法
开机不工作	电源线接线不正确或断线	检查接线是否正确，可靠
延时时间到继电器不转换	继电器接线有误； 电源电压过低； 触点接触不良； 继电器损坏	检查接线； 调高电源电压； 检查触点接触是否良好； 更换继电器
烧坏产品	电源电压过高； 接线错误	调低电源电压； 检查接线

7. 其他继电器的认识与使用

（1）中间继电器

中间继电器一般用来控制各种电磁线圈使信号得到放大，或将信号同时传给几个控制元件，也可以代替接触器控制额定电流不超过 5 A 的电动机控制系统。常用的交流中间继电器有 JZ7 系列，直流中间继电器有 JZ12 系列，交、直流两用的中间继电器有 JZ8 系列。JZ7 系列中间继电器的外形结构和图形与文字符号如图 3-68 所示，它主要由线圈、静铁芯、动铁芯、触点系统、反作用弹簧及复位弹簧等组成。它有 8 对触点，可组成 4 对常开触点、4 对常闭触点，或 6 对常开触点、2 对常闭触点，或 8 对常开触点等三种形式。

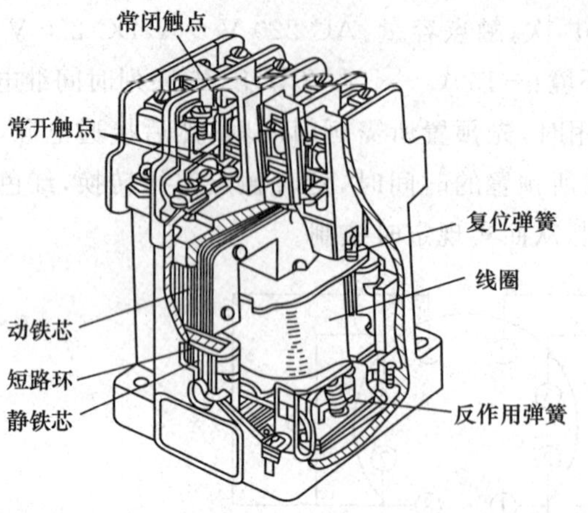

(a) 外形结构图

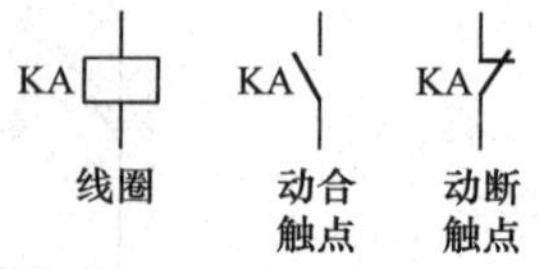

(b) 图形与文字符号

图 3-68　JZ7 系列中间继电器的外形结构和图形与文字符号

(2) 过热电流继电器

电流继电器可分为过电流继电器和欠电流继电器。过电流继电器主要用于频繁启动、重载启动的场合作为电动机的过载和短路保护器件。常用的过电流继电器有 JT4、JL12 及 JL14 等系列。JT4 系列过电流继电器为交流通用继电器，即加上不同的线圈或阻尼圈后便可作为电流继电器、电压继电器或中间继电器使用。JT4 系列过电流继电器由线圈、圆柱静铁芯、衔铁、触点系统及反作用弹簧等组成。

过电流继电器的线圈串联在主电路中，当通过线圈的电流为额定值时，它所产生的电磁吸力不足以克服反作用弹簧力，常闭触点保持闭合状态。当通过线圈的电流超过整定值后，电磁吸力大于反作用弹簧力，铁芯吸引衔铁使常闭触点分断，切断控制回路，使负载得到保护。调节反作用弹簧力，可整定继电器动作电流，这种过电流继电器是瞬时动作的，常用于桥式起重机电路中。为避免它在启动电流较大的情况下误动作，通常把动作电流整定在启动电流的 1.1～1.3 倍。

JL12 系列过电流继电器主要用于线绕式异步电动机或直流电动机的过电流保护，它具有过载、启动延时和过电流迅速动作的保护特性。在选用过电流继电器用于保护小容量直流电动机和线绕式异步电动机时，其线圈的额定电流一般可按电动机长期工作额定电流来选择。对于频繁启动的电动机的保护，继电器线圈的额定电流可选大一些。考虑到动作误差，并加上一定余量，过电流继电器的整定电流值可按电动机最大工作电流来整定。

(3) 欠电压继电器

欠电压继电器又称为零电压继电器，用作交流电路的欠电压或零电压保护，常用的有 JT4P 系列。JT4P 系列欠电压继电器的外形结构及动作原理与 JT4 过电流继电器类似，不同点是欠电压继电器的线圈匝数多、导线细、阻抗大，可直接并联在两相电源上。选用欠电压继电器时，主要根据电源电压、控制电路所需触点的种类和数量来选择。

(4) 速度继电器

速度继电器又称为反接制动继电器，它的作用是与接触器配合，实现对电动机的反接制动。机床控制电路中常用的速度继电器有 JY1、JFZ0 系列。

1）JY1 系列速度继电器的结构

JY1 系列速度继电器主要由永久磁铁制成的转子、用硅钢片叠成的铸有笼形绕组的定子、支架、胶木摆杆和触点系统等组成，其中转子与被控电动机的转轴相连接。

2）JY1 系列速度继电器的工作原理

由于速度继电器与被控电动机同轴连接，当电动机制动时，由于惯性，它要继续旋转，从而带动速度继电器的转子一起转动，该转子的旋转磁场在速度继电器定子绕组中感应出电动势和电流，其方向由左手定则可以确定。此时，定子受到与转子转向相同的电磁转矩的作用，使定子和转子沿着同一方向转动，定子上固定的胶木摆杆也随着转动，推动簧片（端部有动触点）与静触点闭合（按轴的转动方向而定）。静触点又起挡块作用，限制胶木摆杆继续转动，因此转子转动时，定子只能转过一个不大的角度。当转子转速接近于零（低于 100 r/min）时，胶木摆杆恢复原来状态，触点断开，切断电动机的反接制动电路。

速度继电器的动作转速一般不低于 300 r/min，复位转速约在 100 r/min 以下。使用时，应将速度继电器的转子与被控制电动机同轴连接，而将其触点（一般用常开触点）串联在控制电路中，通过控制接触器实现反接制动。

三、实训记录

1. 任务实施的内容

常用低压电器的拆装与检测。

2. 任务实施的要求

① 熟悉常用低压电器的结构，了解各部分的作用；

② 正确进行常用低压电器的拆装；

③ 正确进行常用低压电器的检测。

3. 设备器材

按钮、开启式负荷开关、封闭式负荷开关、低压断路器，各 1 只；交流接触器、热继电器、时间继电器，各 1 只；钢丝钳、尖嘴钳、螺丝刀、镊子、扳手、万用表、兆欧表等，各 1 套。

4. 任务实施的步骤

① 把一个按钮开关拆开，观察其内部结构，将主要零部件的名称及作用记入表 3-16 中。然后将按钮开关组装还原，用万用表电阻挡测量各触点之间的接触电阻，将测量结果记入表 3-16 中。

表 3-16 按钮开关的结构与测量记录

<table>
<tr><td colspan="2">型　号</td><td colspan="2">额 定 电 流/A</td><td colspan="2">主要零部件</td></tr>
<tr><td colspan="2"></td><td colspan="2"></td><td>名称</td><td>作用</td></tr>
<tr><td colspan="4">触点数量/副</td><td></td><td></td></tr>
<tr><td colspan="2">常开</td><td colspan="2">常闭</td><td></td><td></td></tr>
<tr><td colspan="2"></td><td colspan="2"></td><td></td><td></td></tr>
<tr><td colspan="4">触点电阻/Ω</td><td></td><td></td></tr>
<tr><td colspan="2">常开</td><td colspan="2">常闭</td><td></td><td></td></tr>
<tr><td>最大值</td><td>最值</td><td>最大值</td><td>最小值</td><td></td><td></td></tr>
<tr><td></td><td></td><td></td><td></td><td></td><td></td></tr>
</table>

② 把一个开启式负荷开关拆开，观察其内部结构，将主要零部件的名称及作用记入表 3-17中。然后合上闸刀开关，用万用表电阻挡测量各触点之间的接触电阻，用兆欧表测量每两相触点之间的绝缘电阻，测量后将开关组装还原，将测量结果记入表 3-17 中。

表 3-17　开启式负荷开关的结构与测量记录

<table>
<tr><td colspan="3">型　号</td><td colspan="3">极　数</td><td colspan="2">主要零部件</td></tr>
<tr><td colspan="3"></td><td colspan="3"></td><td>名　称</td><td>作　用</td></tr>
<tr><td colspan="6">触点接触电阻</td><td></td><td></td></tr>
<tr><td colspan="2">L_1相</td><td colspan="2">L_2相</td><td colspan="2">L_3相</td><td></td><td></td></tr>
<tr><td colspan="2"></td><td colspan="2"></td><td colspan="2"></td><td></td><td></td></tr>
<tr><td colspan="6">相间绝缘电阻/Ω</td><td></td><td></td></tr>
<tr><td colspan="2">L_1—L_2间</td><td colspan="2">L_1—L_3间</td><td colspan="2">L_2—L_3间</td><td></td><td></td></tr>
<tr><td colspan="2"></td><td colspan="2"></td><td colspan="2"></td><td></td><td></td></tr>
</table>

③ 把一个封闭式开关拆开，观察其内部结构，将主要零部件的名称及作用记入表 3-18 中。然后，合上闸刀开关，用万用表电阻挡测量各触点之间的接触电阻，用兆欧表测量每两相触点之间的绝缘电阻，测量后将开关组装还原，将测量结果记入表 3-18 中。

表 3-18　铁壳开关的机构与测量记录

<table>
<tr><td colspan="3">型　号</td><td colspan="3">极　数</td><td colspan="2">主要零部件</td></tr>
<tr><td colspan="3"></td><td colspan="3"></td><td>名　称</td><td>作　用</td></tr>
<tr><td colspan="6">触点接触电阻/Ω</td><td></td><td></td></tr>
<tr><td colspan="2">L_1相</td><td colspan="2">L_2相</td><td colspan="2">L_3相</td><td></td><td></td></tr>
<tr><td colspan="2"></td><td colspan="2"></td><td colspan="2"></td><td></td><td></td></tr>
<tr><td colspan="6">相间绝缘电阻/Ω</td><td></td><td></td></tr>
<tr><td colspan="2">L_1—L_2</td><td colspan="2">L_1—L_3</td><td colspan="2">L_2—L_3</td><td></td><td></td></tr>
<tr><td colspan="2"></td><td colspan="2"></td><td colspan="2"></td><td></td><td></td></tr>
<tr><td colspan="6">熔　断　器</td><td></td><td></td></tr>
<tr><td colspan="3">型　号</td><td colspan="3">规　格</td><td></td><td></td></tr>
<tr><td colspan="3"></td><td colspan="3"></td><td></td><td></td></tr>
</table>

④ 把一个交流接触器拆开，观察其内部结构，将拆装步骤、主要零部件的名称及作用、各对触点动作前后的电阻值、各类触点的数量、线圈的数据等记入表 3-19 中。然后再将这个交流接触器组装还原。

⑤ 把一个热继电器拆开，观察其内部结构，用万用表测量各热元件的电阻值，将零部件的名称、作用及有关电阻值记入表 3-20 中。然后再将热继电器组装还原。

⑥ 观察时间继电器的结构，用万用表测量线圈的电阻值，将主要零部件的名称、作用、触点数量及种类记入表 3-21 中。

表 3-19　交流接触器的结构与测量记录

<table>
<tr><td colspan="2">型　号</td><td colspan="2">容　量/A</td><td rowspan="2">拆 卸 步 骤</td><td colspan="2">主要零部件</td></tr>
<tr><td colspan="2"></td><td colspan="2"></td><td>名　称</td><td>作　用</td></tr>
<tr><td colspan="4">触 点 数 量/副</td><td rowspan="11"></td><td></td><td></td></tr>
<tr><td>主触点</td><td>辅助触点</td><td>常开触点</td><td>常闭触点</td><td></td><td></td></tr>
<tr><td></td><td></td><td></td><td></td><td></td><td></td></tr>
<tr><td colspan="4">触 点 电 阻/Ω</td><td></td><td></td></tr>
<tr><td colspan="2">常　开</td><td colspan="2">常　闭</td><td></td><td></td></tr>
<tr><td>动 作 前</td><td>动 作 后</td><td>动 作 前</td><td>动 作 后</td><td></td><td></td></tr>
<tr><td></td><td></td><td></td><td></td><td></td><td></td></tr>
<tr><td colspan="4">电 磁 线 圈</td><td></td><td></td></tr>
<tr><td>线　径</td><td>匝　数</td><td>工作电压/V</td><td>直流电阻/Ω</td><td></td><td></td></tr>
<tr><td></td><td></td><td></td><td></td><td></td><td></td></tr>
<tr><td></td><td></td><td></td><td></td><td></td><td></td></tr>
</table>

表 3-20　热继电器的结构与测量记录

<table>
<tr><td colspan="2">型　号</td><td>极　数</td><td colspan="2">主要零部件</td></tr>
<tr><td colspan="2"></td><td></td><td>名　称</td><td>作　用</td></tr>
<tr><td colspan="3">热元件电阻/Ω</td><td></td><td></td></tr>
<tr><td>L_1相</td><td>L_2相</td><td>L_3相</td><td></td><td></td></tr>
<tr><td></td><td></td><td></td><td></td><td></td></tr>
<tr><td colspan="3">整定电流整定值/A</td><td></td><td></td></tr>
<tr><td colspan="3"></td><td></td><td></td></tr>
</table>

表 3-21　时间继电器的结构记录

<table>
<tr><td>型　号</td><td>线 圈 电 阻/Ω</td><td colspan="2">主要零部件</td></tr>
<tr><td></td><td></td><td>名　称</td><td>作　用</td></tr>
<tr><td>常开触点数/副</td><td>常闭触点数/副</td><td></td><td></td></tr>
<tr><td></td><td></td><td></td><td></td></tr>
<tr><td>延时触点数/副</td><td>瞬时触点数/副</td><td></td><td></td></tr>
<tr><td></td><td></td><td></td><td></td></tr>
<tr><td>延时断开触点数/副</td><td>延时闭合触点数/副</td><td></td><td></td></tr>
<tr><td></td><td></td><td></td><td></td></tr>
</table>

注意事项:在拆装低压电器时,要仔细,不要丢失零部件。

四、成绩评定

项　目	技术要求	配分	扣分标准		得分
按钮开关的使用与测量	规范使用按钮开关，掌握常开常、闭触点测量，触点电阻测量	20分	不会规范使用扣10分； 常开常闭触点混淆不清扣5分； 触点电阻不会测量扣5分		
开启式负荷开关的使用与测量	规范使用开启式负荷开关，会识别其型号和极数，掌握触点接触电阻和相间绝缘电阻的测量	10分	不会规范使用扣4分； 不会测量接触电阻和相间绝缘电阻，分别扣3分		
封闭式开关的使用与测量	规范使用封闭式开关，会识别其型号和极数，掌握触点接触电阻和相间绝缘电阻的测量方法	10分	不会规范使用扣4分； 不会测量接触电阻和相间绝缘电阻，分别扣3分		
交流接触器的使用与测量	规范使用交流接触器，会测量交流接触器的常开、常闭触点，会测量线圈电阻	20	交流接触器使用不规范扣5分； 不会测量常开、常闭触点扣10分； 不会测量线圈电阻扣5分		
热继电器的使用与测量	规范使用热继电器，会测量三相热元件电阻和整定电流值	20	不会规范使用扣10分； 不会测量三相热元件电阻和整定电流值，分别扣5分		
时间继电器的使用与测量	规范使用时间继电器，会测量各对触点及对数，会测量线圈电阻	20	不会规范使用扣5分； 不会测量各对触点及对数10分； 不会测量线圈电阻扣5分		
安全文明操作	违反安全操作、损坏工具或仪表扣20～50分				
考评形式	时限成果型	教师签字		总分	

第四部分 综合实训

照明线路主要包括电源、连接导线、负载三部分。大容量照明负荷电源供电一般采用380 V/220 V的三相四线制形式。小容量照明负荷电源则采用220 V单相电源。动力线路的敷设分室外高压架空线路(由电杆、横担、绝缘子及导线组成)和室内低压配线(由导线、导线支持物和用电器组成)。低压配线的主要方式有:槽板配线、护套线配线、线管配线和绝缘子配线。综合实训一、综合实训二通过对照明电路安装线路训练,掌握照明及动力线路的基本知识、敷设和检修技术。综合实训三至综合实训七通过针对性的实训操练,掌握一般常用电器的整修技能和简单控制电路安装、校验和故障排除的基本技能。

在综合实训环节中,要求每人准备一套电工常用工具和万用表,要有实训用的工位(木制墙壁、木制安装板)等。

电工综合实训主要考察学生结合生活中实际案例,巩固强化电工工具使用、仪器仪表安装调试、线路布线安装工艺并优化。在技能训练中综合考虑元器件及导线型号的合理使用和选取,从而节约有色金属铜、铝的使用,通过计算比较结果合理选用耗能设备等。在电路设计施工过程中真正做到绿色化、低碳化,以节约能源为宗旨,在每一个实训环节结束,需要将可回收的铜铝导线、元器件再利用,真正做到实施全面节约战略,推进各类资源节约集约利用。

综合实训一　配电板和电度表的安装及使用

一、实训目的

通过对单相有功电度表的安装训练,了解住宅照明电路的电计量、配电装置的基本原理及安装技能。

二、内容要求

准备器材:单向电表(又名火表)、刀开关(两极,主要用于控制用户电路的通断)、负载(白炽灯)、熔断器、导线、瓷夹板等。

1. 按电气原理图及配线安装图在木制安装板上安装线路

(1) 单相电度表的工作原理

单相电度表属感应式仪表,由驱动元件(电压线圈、电流线圈)、转动元件(铝盘)、制动元件(制动磁铁)和计数器等元件组成,单相感应式电度表如图4-1所示。接入线路后,电压线圈与负载并联,电流线圈与负载串联,线圈载流回路产生的磁通与这些磁通在铝盘上感应出的电流相互作用,产生转动力矩,同时制动磁铁与转动的铝盘也相互作用,产生转动力矩。当两力矩平衡时,铝盘以稳定的速度转动,从而带动计数器完成负载的耗电计量。

(2) 电度表接线方式

单相有四个接线柱,自左向右用1、2、3、4编号。有两种接线方式,一种是中国标准产品用的跳入式接线方式：1、3 接进线（电源线路），2、4 接出线（负载线路）。另一种是顺入式接线方式：1、2 接进线，3、4 接出线，电度表接线方式如图 4-2 所示。辨认电度表接线方式的一种方法是根据电度表接线盒盖板背面或说明书中的接线原理图确定，另一种方法是用万用表 R×100 挡测电度表 1、2 接线柱间的阻值，若阻值较小（表针略偏离“0”位），则 1、3 是进线端；若阻值较大（约 1 000 Ω），则 1、2 为进线端。

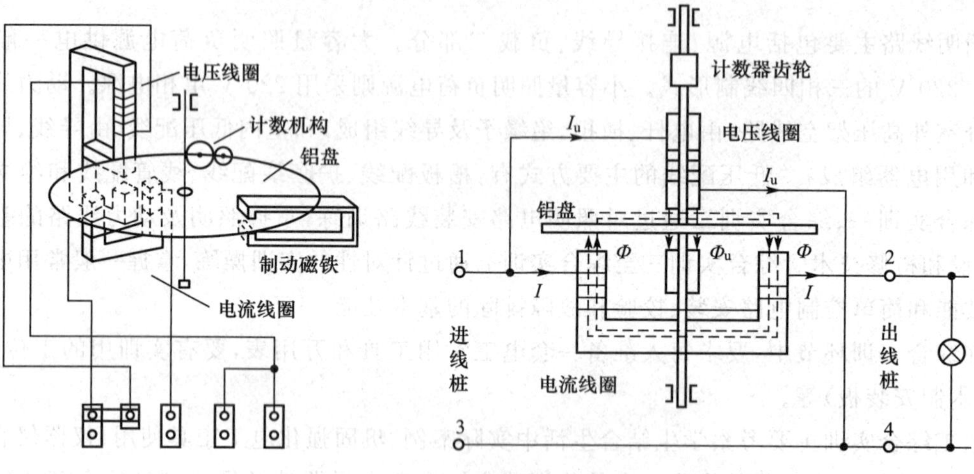

图 4-1　单相感应式电度表

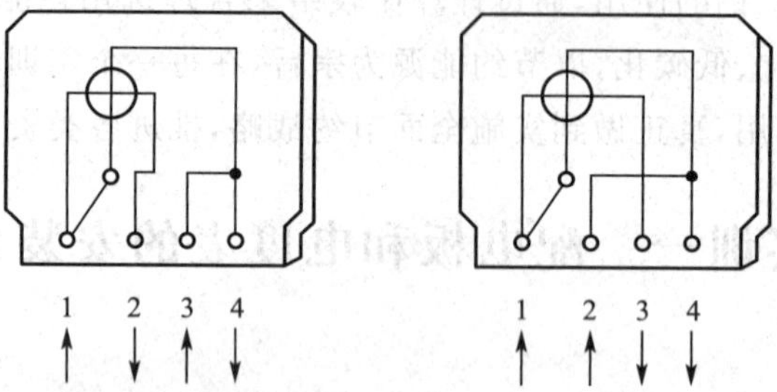

图 4-2　电度表接线方式

（3）单向电度表安装

按照单相电度表的配线安装线路图安装线路，如图 4-3 所示。

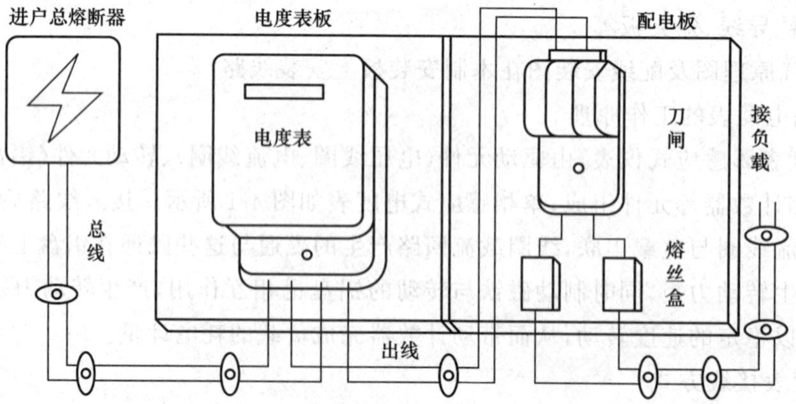

图 4-3　单相电度表的配线安装线路图

1）电度表的表身固定

用三只螺钉以三角分布的方位，将木制表板固定在实验台（或墙壁）上，注意螺钉的位置应选在能被表身盖没的区域，以形成拆板前先拆表的操作程序。将表身上端的一只螺钉拧入表板，然后挂上电度表，调整电度表的位置，使其侧面和表面分别与墙面和地面垂直，然后将表身下端拧上螺钉，再稍做调整后完全拧紧。

2）电度表总线的连接

电度表总线是指从进户总熔断器盒至电度表这段导线，应满足以下技术要求：总线应采用截面面积不小于 1.5 mm^2 的铜芯硬导线，必须明敷在表的左侧，且线路中不准有接头。进户总熔断器盒的主要作用是电度表后各级保护装置失效时，能有效地切断电源，防止故障扩大。它由熔断器、接线桥和封闭盒组成。接线时，中线接接线桥，相线接熔断器。

3）电度表出线的连接

电度表的出线敷设在表的右侧（其他要求与总线相同），与配电板相连。总配电板由总开关和总熔丝组成，主要作用是在电路发生故障或维修时能有效地切断电源。

（4）三相有功度电表的安装

三相电能的测量有两类方法。

1）单相电度表测量

对称三相四线制电路（照明电路一般不对称），可以用一个单相电度表测任意一相所耗电能，然后乘以 3 即可得三相电能。

不对称三相四线制电路.可用三个单相电度表分别测三相各自所耗电能，三个电度表读数之和就是三相总电能。

2）三相电度表测量

三相电度表的接线方式如图 4-4 所示，其中图 4-4(a)所示为二元件电度表接线，图 4-4(b)所示为三元件电度表接线。

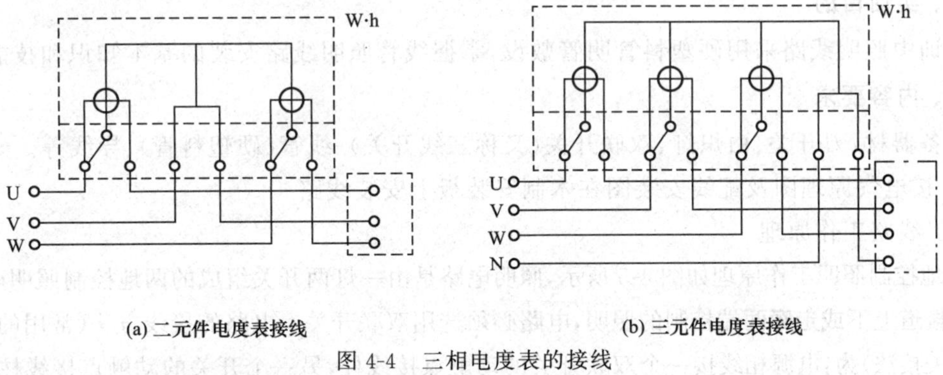

图 4-4 三相电度表的接线

三相电度表的安装要求基本和单相电度表要求一样。

2. 检查线路、通电试验

把电度表线路接上适当的单相负载（如白炽灯箱），再接上 220 V 单相交流电源，检查整个线路，确认无误后合闸通电，观察电度表的工作情况。

① 改变负载的大小，观察铝盘转速情况；

② 改变电度表的倾斜角度,观察铝盘转速情况。

三、操作要点

① 选用电度表的额定电流应大于室内所有用电器的总电量;

② 电度表接线的基本方法为:电压线圈与负载并联、电流线圈与负载串联;

③ 电度表本身应装得平直,纵横方向均不应发生倾斜;

④ 电度表总线在左、出线在右,不得装反,不得穿入同一管内;

⑤ 刀开关不许倒装;

⑥ 电度表的连接线不能用软线,应用单股硬铜或铝导线;

⑦ 连接线均用瓷夹板固定。

四、成绩评定

项目	技术要求	配分	扣分标准	得分
原理	电度表接线原理正确	20	电度表接线原理不正确扣 0~20	
布局	线路布局合理	10	线路布局不合理扣 1~10 分	
安装	电度表固定牢固、平直; 总线、出现安装配合符合要求; 进户总熔丝盒接线正确; 配电盘安装符合要求; 电源、负载安装合理	20 20 10 10 10	电度表固定不牢固、平直扣 0~20 分; 总线出线安装不符合要求扣 0~20 分; 进户总熔丝盒接线不正确扣 10 分; 配电盘安装不符合要求扣 10 分; 电源、负载安装不合理扣 10 分	
其他			违反安全文明操作、损坏工具仪器、缺勤等扣 20~50 分	
考评形式	设计成果型	教师签字		总分

综合实训二　线管照明线路的安装

一、实训目的

实训中照明线路采用硬塑料管明管敷设,掌握线管照明线路安装的基本知识和技能。

二、内容要求

准备器材:刀开关、白炽灯、双联开关(又称三线开关)、线管(硬塑料管)、导线等。

1. 按电气原理图及配线安装图在木制安装板上安装线路

(1) 线路工作原理

两地控制照明工作原理如图 4-5 所示,照明电路是由一灯两开关组成的两地控制照明电路,通常用于楼道上下或走廊两端控制的照明,电路必须选用双联开关。电路的接线方法(常用的电源单线进开关接法)为:电源相线接一个双联开关的动触点接线柱,另一个开关的动触点接线柱通过开关来回线与灯座相连,两只双联开关静触点间用两根导线分别连通,就构成了两地控制照明电路。

(2) 按照线管配线安装图安装两地控制灯线路(如图 4-6 所示)

将绝缘导线穿在管内敷设,称为线管配线。线管配线具有耐潮、耐腐、导线不易受机械损伤等优点,分明管配线和暗管配线两种。所使用的线管有钢管和塑料管两大类。硬塑料管是照明线路敷设最常用的线管,具有易弯曲、锯断和成本低等优点。

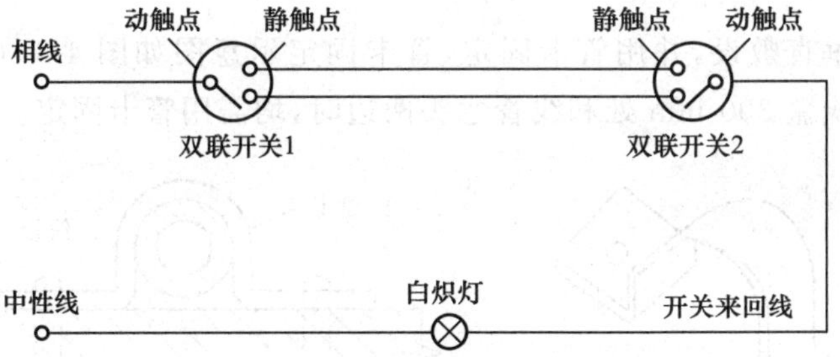

图 4-5　两地控制照明工作原理

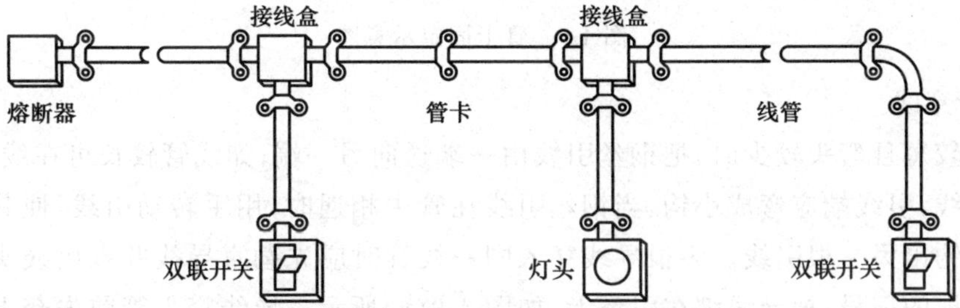

图 4-6　两地控制灯线管配线安装图

1）线管落料

根据线路走向及用电器安装位置，确定接线盒的位置，然后以两个接线盒为一个线段，根据线路弯转情况，决定几个线管接成一个线段，并确定弯曲部位，最后按需要长度锯管。

2）线管弯曲

硬塑料管弯曲有直接加热弯曲法（ϕ20 mm 以下）和灌沙加热弯曲法（ϕ25 mm 以上）两种。实训采用直接加热弯曲法，将弯曲部分（管内最好置入弯管器）在热源上均匀加热，待管子软化，趁热在木模上弯成需要的角度。线管弯曲的曲率半径应大于等于线管外径的四倍。

3）线管连接

线管的连接有烘热直接插接（ϕ50 mm 以下）和模具胀管插接（ϕ65 mm 以上）两种方法，实训中采用烘热直接插接法，烘热直接插接法如图 4-7 所示，将管口倒角（外管导内角、内管导外角）后，除去插接段油污，将外管接管处用喷灯或电炉加热，使其软化，在内管插入段外面涂上胶黏剂，迅速插入外管，待内外管中心线一致，立即用湿布冷却，使其尽快恢复原来硬度。

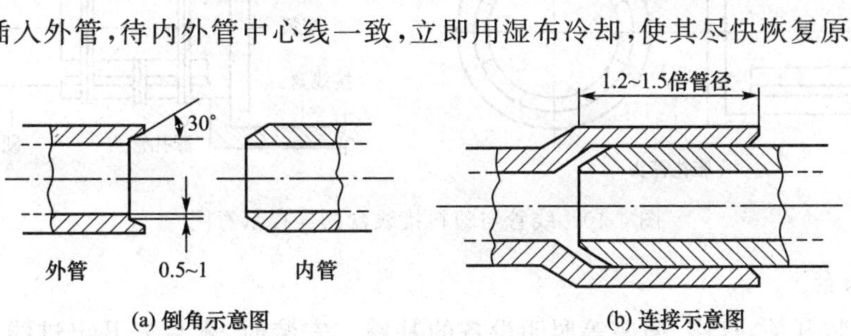

图 4-7　烘热直接插接法示意图

4）线管固定

线管应水平或垂直敷设，并用管卡固定，管卡固定示意图如图 4-8 所示。当线管进入开关、灯头、插座或接线盒 300 mm 处和线管弯头两边时，均需用管卡固定。

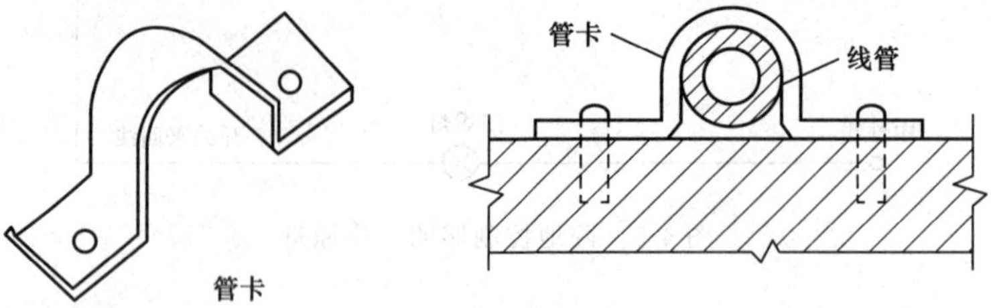

图 4-8　管卡固定示意图

5）线管穿线

当线管较短且弯头较少时，把钢丝引线由一端送向另一端；如线管较长可在线管两端同时穿入钢丝引线，引线端应弯成小钩，当钢丝引线在管中相遇时，用手转动引线，使其钩在一起，用一根引线钩出另一根引线。多根导线穿入同一线管时应先勒直导线并剥出线头，在导线两端标出同一根的记号，把导线绑在引环上，如图 4-9(a)所示。导线穿入管前先套上护圈，再撒些滑石粉，然后一个人在一端往管内送，另一人在另一端慢慢拉出引线。如图 4-9(b)所示。

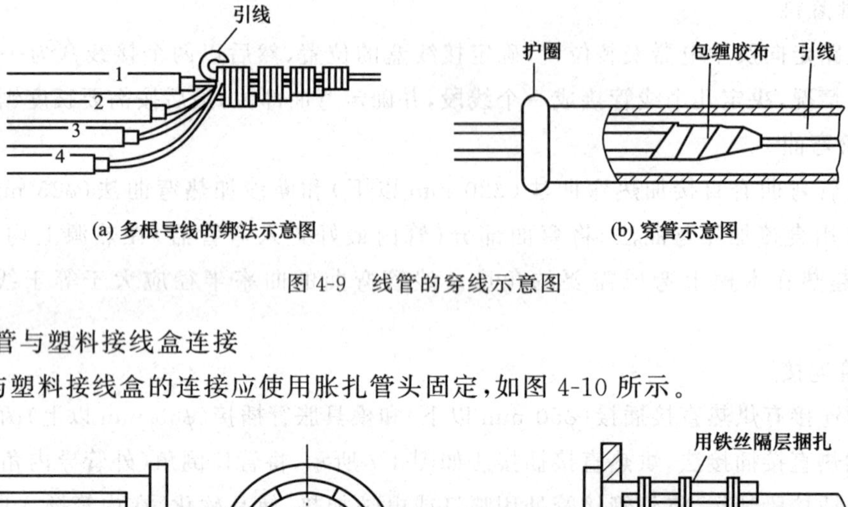

图 4-9　线管的穿线示意图

6）线管与塑料接线盒连接

线管与塑料接线盒的连接应使用胀扎管头固定，如图 4-10 所示。

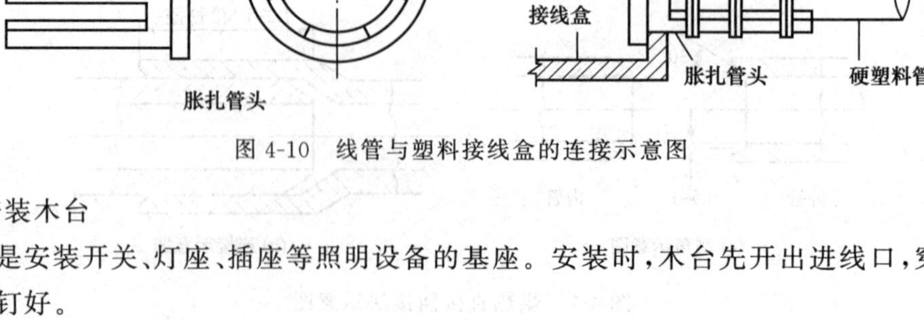

图 4-10　线管与塑料接线盒的连接示意图

7）安装木台

木台是安装开关、灯座、插座等照明设备的基座。安装时，木台先开出进线口，穿入导线，用木螺钉钉好。

8）安装用电器

在木台上安装插座、开关、天棚盒，连接好导线，接上白炽灯。要注意，双联开关 1 动触点接相线，双联开关 2 动触点接开关来回线。

2. 查线路、通电实验

检查整个线路无误后，接上 220 V 单相电源通电实验。观察电路工作情况。

三、操作要点

① 明敷用的塑料管，管壁厚度不小于 2 mm。铜芯导线最小截面积不得小于 1 mm^2，铝芯导线最小截面积不得小于 2.5 mm^2。导线绝缘强度电压不应低于交流 500 V。

② 穿管导线截面积(包括绝缘层面积)总和不应超过管内截面积的 40%。穿线时，同一管内的导线必须同时穿入。管内不许穿入绝缘破损后经过绝缘胶布包缠的导线。

③ 管内导线不得有接头，必须连接时，应加装接线盒。

④ 线管配线应尽可能减少转角和弯曲。

⑤ 两个线头间距离：无弯曲的直线管路应不超过 45 m；有一个弯时应不超过 30 m；有两个弯时应不超过 20 m；有三个弯时应不超过 12 m。

四、成绩评定

项目	技术要求	配分	扣分标准	得分
线管、导线选择	线管、导线选择合理； 布局合理	20	线管、导线选择不合理扣 0～10 分； 布局不合理　扣 0～10 分	
原理	原理正确	20	原理不正确　扣 0～20 分	
线路安装	线管落料合理； 线管弯曲正确； 线管连接正确； 线管穿线正确； 接线盒、木台安装正确； 用电器安装正确	10 10 10 10 10 10	线管落料不合理扣 0～10 分； 线管弯曲不正确扣 0～10 分； 线管连接不正确扣 0～10 分； 线管穿线不正确扣 0～10 分； 盒、台安装不正确扣 0～10 分； 用电器安装不正确扣 0～10 分	
其他	安全文明操作、出勤		违反安全文明操作缺勤扣 20～50 分	
考评形式	设计成果型	教师签字		总分

综合实训三　护套线照明电路的安装

一、实训目的

通过对室内照明线路的安装，掌握护套线照明电路安装的基本技能，从而了解照明及动力线路敷设的一般方法。

二、内容要求

护套线分塑料护套线、橡套线和铅包线 3 种。塑料护套线路是照明线路中应用最广的线路，它具有安全可靠、线路简洁、造价低和便于维修等优点。准备器材有：开关、日光灯(白炽灯)、护套线、插座等。

1. 按电气原理图及配线安装图安装线路

(1) 室内照明电路工作原理

室内照明电路工作原理如图 4-11 所示，每盏灯由开关单独控制，再和插座一起并联在220 V单相电源上，电流流过灯丝，灯丝发光。

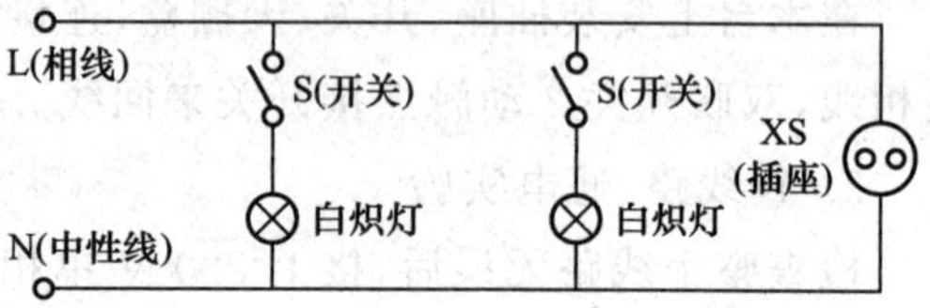

图 4-11　室内照明电路工作原理

(2) 安装线路

按护套线照明电路配线安装图安装线路，如图 4-12 所示。

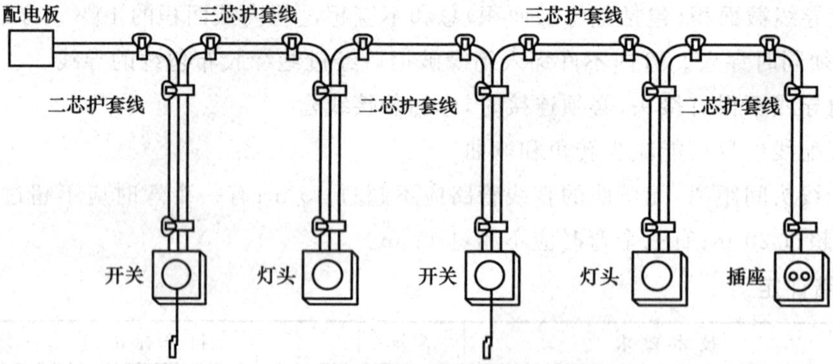

图 4-12　护套线照明电路配线安装图

1) 定位划线

先确定线路的走向，及各用电器的安装位置，然后用粉线袋划线，划出固定铝卡的位置，直线部分每隔 150～300 mm 取一处，其他情况 50～100 mm 取一处。

2) 固定铝线卡

铝线卡的固定类型有小铁钉固定和用黏合剂固定 2 种，铝线卡形状如图 4-13(a)所示。其规格分为 0、1、2、3、4 号，号码越大，长度越长。选用适当规格的铝线卡，在线路的固定点上用铁钉将线卡钉牢。

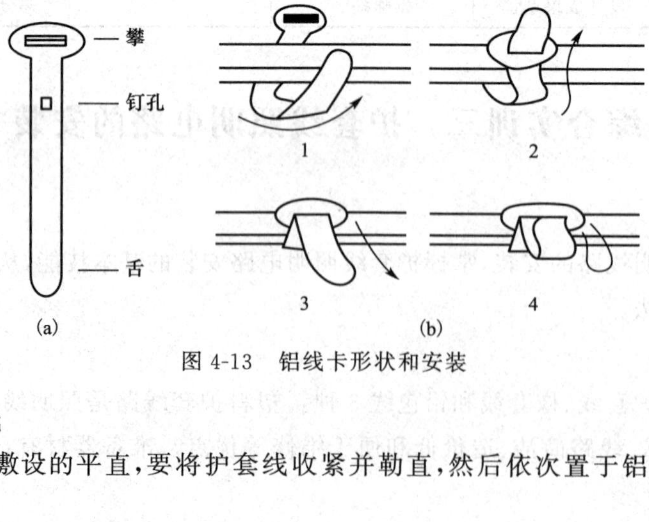

图 4-13　铝线卡形状和安装

3) 敷设护套线

为了使护套线敷设的平直，要将护套线收紧并勒直，然后依次置于铝线卡中的钉孔位置上，将铝线卡收紧夹持住护套线，铝线卡的安装如图 4-13(b)所示。线路敷设完后，可用一根平直的木条靠拢线路，使导线平直。

护套线另一种常见的固定方法，是采用水泥钢钉护套线夹将护套线直接钉牢在建筑物表面，水泥铜钉护套线夹如图 4-14 所示。

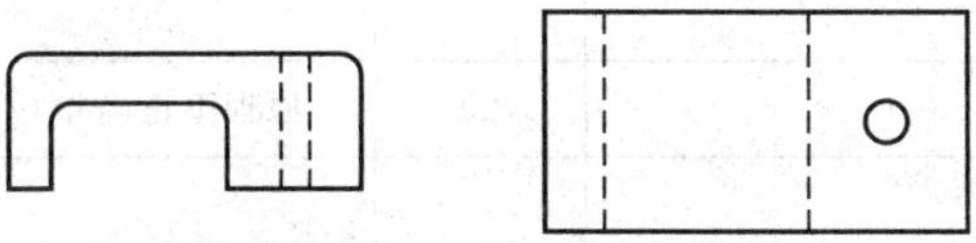

图 4-14　水泥钢钉护套线夹

4）安装木台

敷设时，应先固定好护套线，再安装木台，木台进线的一边应按护套线所需的横截面开出进线缺口。护套线伸入木台 10 mm 后可剥去护套层。安装木台的木螺丝，不可触及内部的电线，不得暴露在木台的正面。

5）安装用电器

将开关、灯头、插座安装在木台上，并连接导线。三芯护套线红芯线为相线、蓝芯线为开关来回线、黑芯线为中性线。

2. 查线路、通电实验

检查各线路无误后，接通电源，观察电路工作情况。

三、操作要点

① 室内使用的护套线其截面积规定：铜芯截面积不得小于 0.5 mm^2，铝芯截面积不得小于 1.5 mm^2。

② 护套线线路敷设要求整齐美观，导线必须敷得横平竖直，几根护套线平行敷设时，应敷设得紧密，线与线之间不得有明显空隙。

③ 在护套线线路上，不可采用线与线直接连接方式，而应采用接线盒或借用其他电器装置的接线端子来连接导线，如图 4-15 所示。

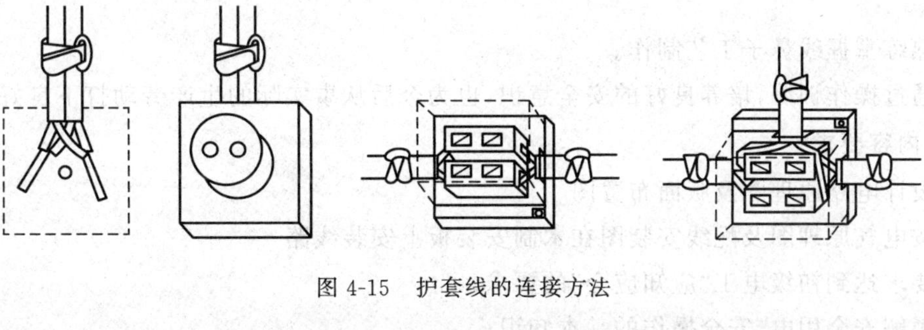

图 4-15　护套线的连接方法

④ 护套线路特殊的位置，如转弯处、交叉处和进入木台前，均应加铝线卡固定。转弯处护套线不应弯成死角，以免损伤线芯，通常弯曲半径应大于导线外径的 6 倍。

⑤ 安装电器时，开关要接在火线上，开关 2 的火线要从开关 1 的入端引出；灯头的顶端接线柱应接在火线上；插座 2 孔应处于水平位置，相线接右孔，中性线接左孔。

⑥ 对于铅包护套线,必须把整个线路的铅包层连成一体,并进行可靠接地。

四、成绩评定

项目	技术要求	配分	扣分标准	得分
导线选用	能够根据负载情况选择适当的导线	10	导线选择不当扣 0～10 分	
原理	原理正确	20	原理不正确扣 0～20 分	
线路安装	布局合理; 铝线卡安装合理; 线路平直、美观; 线路接头连接合理; 木台安装正确; 用电器安装正确	10 10 10 10 10 10	布局不合理扣 0～10 分; 铝线卡安装不合理扣 0～10 分; 线路不平直、美观扣 0～10 分; 线路接头连接不合理扣 0～10 分; 木台安装不正确扣 0～10 分; 用电器安装不正确扣 0～20 分	
其他	安全文明操作、出勤		违反安全文明操作缺勤扣 20～50 分	
考评形式	设计成果型	教师签字		总分

综合实训四　家用照明电路安装调试

一、实训目的

电工操作综合实验是电类及相关专业的一项重要实训环节。通过操作实验,培养学生的电工基本操作技能。

① 掌握常用电工仪器、仪表和设备的使用方法。

② 能按要求绘出安装需要的板面布置图、电气原理图,并能按照自己的设计安装日用电路。

③ 在电气设备的安装过程中,必须做到正确使用工具;布线工艺规范;电器设备的安装合理、美观。

④ 熟练掌握线鼻子工艺制作。

⑤ 通过操作训练,培养良好的安全意识,也为今后从事实际的生产劳动打下良好的基础。

二、内容要求

1. 设计电路原理图及版面布置图

2. 按电气原理图及配线安装图在木制安装板上安装线路

① 要求达到初级电工“应知应会”的要求;

② 了解安全用电、安全操作的基本知识;

③ 掌握常用电工材料的选用方法,掌握内线施工工艺要求以及故障的处理。

3. 准备器材

序号	名称	数量	序号	名称	数量
1	电流表	1	7	白炽灯	3
2	电压表	1	8	开关	3
3	电度表	1	9	二孔插座	3
4	单相刀闸	1	10	三孔插座	3
5	保险盒	2	11	单刀双掷开关	2
6	日光灯	1	12	空气开关	5

三、操作要点

① 室内日用电路的安装和验收。

② 线鼻子工艺制作。

③ 时间安排。

序号	日程任务	时间/天
1	实验任务布置及绘制电路图	1
2	实验操作	2.5
3	考核验收	0.5
4	整理资料写实验报告	1

四、成绩评定

项目	要求	配分	评分标准	扣分
元件安装	按电器布置图端正牢固地固定元件	10	元件安装不牢固,每件扣3分; 元件位置不合理,每件扣3分; 损坏元件,扣10分	
布线接线	按图布线、接线; 布线正确合理; 接线牢固,编号正确	30	不按图接线,扣20分; 布线不合理,接点松动、压绝缘层、露铜过长等,每处扣5分; 编号错误,每处扣5分	
通电校验	一次通电成功	20	熔体规格选错,扣10分; 热继电器未整定或错误,扣10分; 通电不成功,扣10~20分	
故障分析	根据故障现象,正确分析故障最小范围	20	不能画出最短的故障线路,每个扣10~20分; 标错故障点,每点扣20分	
故障排除	正确、迅速排除人为设置两处故障	20	查不出故障,查出故障、但不能排除,每处扣5~10分; 扩大故障,每处扣30分; 排除方法不正确,每次扣10分	
安全生产文明操作			违者,酌情扣分;重者,停训	

考评形式	过程型	教师签字		总分	

综合实训五　低压电器维修

一、实训目的

通过实训来掌握低压电器拆装工艺、整修要求和校验的一般方法。

二、内容要求

器材准备：盛放零件的容器、HZ10 组合开关一只、CJ 0-20 交流接触器一个、220 V 25 W 灯泡三只(包括灯座)、RL1-15/5 熔断器三只、HK1-15 刀开关一把、LA10-2H 按钮一只、导线若干。

1. 组合开关的拆装、整修及校验

(1) 实训内容

① 改装 HZ10-10/3 组合开关：将开关的三对触点的分、合状态由三常开(或三常闭)改装成二常开一常闭(或二常闭一常开)。

② 整修动、静触点。

③ 通电校验改装后的结果。

(2) 实训步骤及工艺要求

1) 开关拆卸

① 松去手柄顶部紧固螺栓，取下手柄；

② 松去两边支架上紧固螺栓，取下顶盖，小心取出转轴、(储能)弹簧和凸轮；

③ 抽出绝缘(联动)杆，逐一取下绝缘垫板上盖，卸下三对动、静触片。

2) 检查、整修

① 检查静触点，如有烧毛，可用油光锉修平，如损坏严重不能修复时，应更换同规格触头；

② 静触头与消弧垫铆合在一起，检查触点有无烧毛，消弧垫是否磨损，如损坏严重应作更换；

③ 检查操作机构，如有异常，则作适当的调整。

3) 改装、装配

装配顺序与拆卸顺序相反。装配时，要注意动、静触点的配合是否合适。并要留意将其中一相触点的分、合状态与另外一相相反，以达到改装的目的。

4) 检验

① 检查每层叠片接合是否紧密；反复旋转手柄，感觉操作机构动作是否灵活；动、静触点的分、合是否迅速，松紧是否一致。

② 用万用表检查改装是否符合要求，触点吻合是否良好。

③ 如图 4-16 所示接线，进行通电检验。通电检验要求在 1 min 内，连续成功分、合 5 次，否则应看作不合格，重新拆装、调整。

(3) 操作要求和注意事项

① 拆卸前，应清理工作桌面，准备放零件的容器，以免零件失落。

② 拆卸过程中，不许用手硬撬，记住每一零件的位置和相互间的配合。

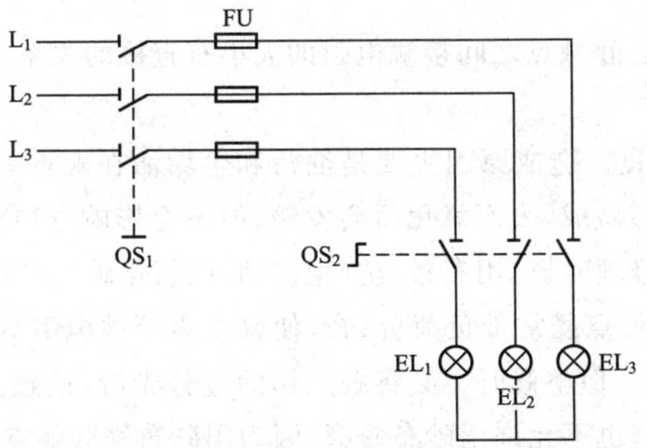

图 4-16　改装后符号校验电路

③ 安装时，要均匀紧固螺栓，以防损坏电器。

④ 通电校验要正确接线，并在老师监护下才能进行。为确保通电安全，必须将组合开关固定在操作板上。

2. 交流接触器的拆装与整修

(1) 实训内容

① CJO-20 交流接触器的拆卸与装配；

② CJO-20 交流接触器的常见故障与整修；

③ 通电校验。

(2) 实训步骤及工艺要求

1）拆卸

① 松去灭弧罩固定螺栓，取下灭弧罩。

② 一只手拎起桥形主触点弹簧夹，另一只手先推出压力弹簧片，再将主触头侧转后取出。

③ 松去主静触头固定螺栓，卸下主静触头。松去辅助常开、常闭静触头接线柱螺钉，卸下辅助静触头。

④ 将接触器底部翻上。一只手按住底盖，另一只手松去底盖螺钉，然后慢慢放松按住底盖的手，取下弹起的底盖。

⑤ 取出静铁芯及其缓冲垫（有可能在底盖静铁芯定位槽内）。取出静铁芯支架、缓冲弹簧。

⑥ 取出反作用弹簧。将连在一起的动铁芯和支架取出。

⑦ 支架上取出动铁芯定位销，取下动铁芯及其缓冲垫。

⑧ 从支架上取出辅助常开常闭的桥形动触头。（主触头、辅助触头弹簧一般很少有损坏，且拆卸很容易弹掉失落，故不作拆卸。）

2）装配

拆卸完毕后，对各零件进行检查、整修（详见常见故障整修）。装配步骤与拆卸步骤相反。

3）CJO-20 交流接触器常见故障与整修

经常出现的触头故障有触头过热，其次为触点磨损，偶尔也会发生触点熔焊。

① 触点过热故障。

触点发热的程度与动静触点之间接触电阻的大小有直接的关系。以下情况均会导致接触电阻增大,而触点过热。

❖ 触点表面接触不良。造成原因主要是油污和尘垢沾在触点表面形成电阻层。接触器的触点是白银(或银合金)做成,表面氧化后会发暗,但不会影响导电情况,千万不要以为会增大接触电阻面而锉掉。修理时擦(用布条)洗(用汽油、四氯化碳)干净即可。

❖ 触点表面烧毛。触点经常带负荷分、合,使触点表面被电弧灼伤烧毛。修理时可用细锉整修,也可用小刀刮平。但整修时不必将触点修的过分光滑,使触点磨削过多,使接触面减小,反而使接触电阻增大,也不允许用砂布修磨,因为用砂布修磨触点时会使砂粒嵌入其表面,也会使接触电阻增大。

❖ 触点接触压力不足。由于接触器经常分、合,使触点压力弹簧片疲劳,弹性减小,造成触点接触压力不足,接触电阻增大。修理时,统一更换弹簧片。

② 触点磨损。触点的分、合在触点间引起的电弧或电火花,温度非常高,可使触点表面的金属气化蒸发造成电磨损。触点闭合时的强烈撞击和触点表面的相对滑动会造成机械磨损。当触点磨损包括表面烧毛后修整到原来厚度的 1/2~1/3 时,就要更换触点。

③ 触点熔焊。触点被熔焊会造成线圈断电后触点不能及时断开,影响负载工作。常闭联锁触点熔焊不能释放时,会造成线圈烧毁。可修复或更换触点,甚至更换线圈。

另外常见的故障为铁芯噪声过大。接触器正常工作时,电磁系统会发出轻微的噪声。但是当听到较大的噪声时,说明铁芯产生振动,时间一长会使线圈过热,甚至烧毁线圈。造成的原因一般为铁芯接触面上积有油污、尘垢或锈蚀,使动静铁芯接触不良而产生振动,发出噪声。另外,由于反复的吸合、释放,有时会造成铁芯端面变形,使 E 形铁芯中心柱之间的气隙过小,也可增大铁芯噪声。

修理时,针对污垢造成接触不良,可拆下擦洗干净。铁芯端面生锈或变形磨损,可用细砂布磨平,中心柱间气隙过小,可用细锉修整。

4) 校验

① 检查运动部分是否灵活,用万用表欧姆挡检查触点吻合是否良好,线圈是否装好。

② 按图 4-17 所示接线,进行通电校验。

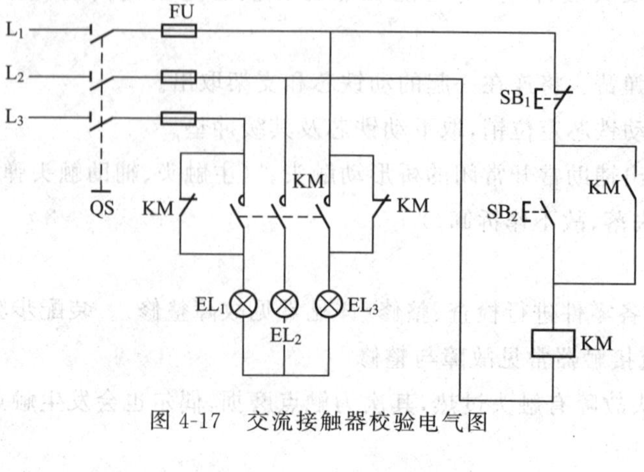

图 4-17　交流接触器校验电气图

接通 QS，EL_1、EL_3 亮，但发光较暗，表明两常闭辅助触头接触良好。

按下启动按钮 SB_2，三灯均亮，表明三主触头接触良好，两常开辅助触头接触良好（若松手后 EL_2 灯熄灭，表明两常开辅助触头未接触，整修不成功）。

按下停止按钮 SB_1，EL_2 灯熄灭，EL_1、EL_3 亮，但发光较暗。

③ 要求在 1 min 时间内，分别按下启动和停止按钮，连续分、合 10 次，以全部成功为合格，否则重拆、重整、重装。

三、操作要点

① 拆卸前，应清理工作桌面，备好放零件的容器，以免零件失落。

② 拆卸过程中，不许硬搬硬撬，每拆一步，记住各元件的位置。

③ 装配时，要均匀紧固底盖螺钉。装配辅助常闭触头时，先要将触头支架按下，避免将辅助常闭动触头弹簧推出支架。

④ 用锉刀整修铁芯端面时，挫削方向应与铁芯硅钢片相平行，以减少涡流损耗。

⑤ 应将接触器固定在操作板上，按图正确接线，并在教师监护下操作。

四、成绩评定

组合开关整修

项目	技术要求	配分	评分标准	扣分
拆卸整修改装	操作方法、步骤正确熟练； 分合迅速，松紧一致，转动灵活	60	拆装方法、步骤不正确每次扣 10 分； 未进行改装扣 30 分； 触点修整不符合要求扣 20 分； 分合松紧不一致，转动不灵活扣 20 分； 失落、漏装紧固件或其他零件扣 5～15 分； 损坏元件或不能装配扣 60 分	
通电校验	接线正确可靠； 触电吻合良好； 触点分合同步	40	接线错误或不会接线扣 10～40 分； 5 次通电每次不成功扣 10 分； 触点分合不同步扣 15 分	
安全	安全、文明生产			
考评形式	过程型	教师签字		总分

交流接触器的拆装与整修

项目	技术要求	配分	评分标准	扣分
拆装整修	操作方法； 步骤正确熟练； 整修方法正确	50	拆装步骤及方法不正确每次扣 5～10 分； 拆装不熟练扣 10～20 分； 整修方法不正确扣 20 分； 失落零件每件扣 10～20 分； 损坏器件扣 50 分	
校验	接触器动作灵活； 正确接线； 无振动、噪声； 触点接触良好	50	接触器长触扣 50 分； 不进行通电校验扣 50 分； 有振动噪声扣 20 分； 通电校验不成功扣 10 分	
安全	安全、文明生产		违反安全文明生产，酌情扣分，重者停止实训	
考评形式	过程型	教师签字		总分

综合实训六　三相异步电动机的点动、单向连续运转控制电路实验

一、实训目的

① 了解三相异步电动机的继电器—接触器控制系统的控制原理，观察实际交流接触器、热继电器、自动空气断路器及按钮等低压电器的动作，学习其使用方法。

② 掌握三相异步电动机的点动和单向连续运转控制电路的连接方法。

③ 能够熟记三相异步电动机点动和单向连续运转控制电路的控制过程。

二、内容要求

1. 实训主要仪器设备

三相异步电动机一台。低压控制电器配盘一套。其他相关设备及导线。

2. 实训电路原理控制图及控制过程

(1)电动机的点动控制

在工程实际应用中，经常需要对电动机进行启动、制动、点动、单向连续运转控制及正、反转控制等，以满足生产机械的要求。三相异步电动机的点动控制原理电路如图 4-18 所示。其控制过程如下。

① 先闭合主回路中的电源控制开关，为电动机的启动做好准备；

② 按下启动按钮 SB，接触器线圈 KM 得电，KM 的三对主触点闭合，电动机主电路接通，电动机启动运转；

③ 松开 SB 按钮，接触器 KM 线圈失电，KM 的三对主触点随即恢复断开，电动机主电路断电，电动机停止运行，实现了三相异步电动机的点动控制。

(2)电动机单向连续运转控制

在实际应用中，大多电动机的控制电路中都要求满足连续运转的控制要求。电动机的单向连续运转控制电路如图 4-19 所示。与点动控制电路相比，此电路中多了一个接触器 KM 的辅助常开触点，在控制电路中起自锁作用，另外还增加了一个停止按钮 SB_1。其控制过程如下。

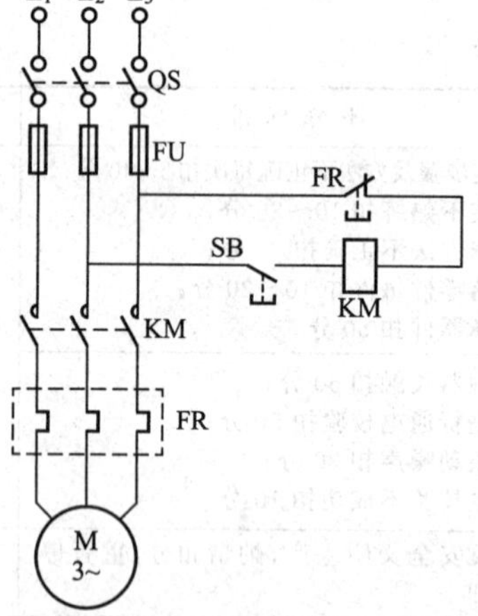

图 4-18　三相异步电动机的点动控制原理电路

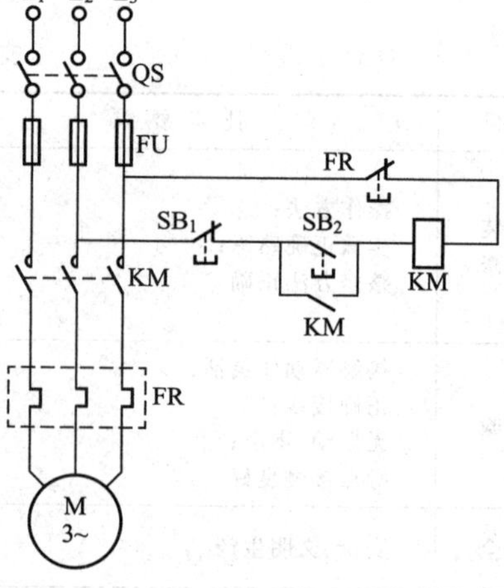

图 4-19　电动机的单向连续运转控制电路

① 先闭合主回路中的电源控制开关，为电动机的启动做好准备。

② 按下常开按钮 SB_2，接触器 KM 线圈得电，KM 的三对主触点闭合，电动机主电路接通，电动机单向运转，同时 KM 的辅助常开触点也闭合，起自锁作用。松开 SB_2 按钮，电动机控制回路中的电流由从 SB_2 通过，改为从 KM 辅助常升触点通过，即控制回路仍然闭合，因此 KM 线圈不会失电，电动机主回路触点不会断开，仍将连续运行。

③ 需要电动机停下来时，按下停止按钮 SB_1 即可，控制回路电流由 SB_1 处断开，造成接触器 KM 线圈断电，其主触点打开，电动机停转。

三、操作要点

① 连接前首先要把电路图与实物相对照，将电路中的图形符号、文字符号与实际设备一一对应后，按照电路图进行连线。

② 连接三相异步电动机的点动控制线路的主回路。注意电动机作 Y 形连接，连接主回路的顺序应从上往下连接，热继电器的发热元件应串接在 KM 主触点的后面。

③ 连接点动控制电路的辅助回路。点动按钮 SB 连接复合按钮的一对常开触点，一端与一相电源相连，另一端与 KM 线圈连接，KM 线圈的另一端与热继电器的常闭触点相连，热继电器的另一端连接到另一相电源线上。注意：控制回路一定要接在 KM 主触点的上方，否则电动机不会运转。

④ 连线结束检查无误后通电操作，观察电器及电动机的动作。

⑤ 三相异步电动机的主回路不变，对控制回路作如下改动：停止按钮 SB_1 连接复合按钮的一对常闭触点，一端与一相电源相连，另一端与启动按钮 SB_2 的一端相连，在二者连接处引出一根导线与 KM 辅助常开的一端相连，SB_2 的另一端与 KM 线圈相连不变，相连处引出一根导线与 KM 辅助常开的另一端相连，其余部分不变。

⑥ 连线结束检查无误后通电操作，观察电器及电动机的动作。

四、成绩评定

项目	要　求	配分	评分标准	扣分
元件安装	按电器布置图端正牢固地固定元件	10	元件安装不牢固，每件扣 3 分； 元件位置不合理，每件扣 3 分； 损坏元件，扣 10 分	
布线接线	按图布线、接线； 布线正确合理； 接线牢固，编号正确	30	不按图接线，扣 20 分； 布线不合理，接点松动、压绝缘层、露铜过长等，每处扣 5 分； 编号错误，每处扣 5 分	
通电校验	一次通电成功	20	熔体规格选错，扣 10 分； 热继电器未整定或错误，扣 10 分； 通电不成功，扣 10～20 分	
故障分析	根据故障现象，正确分析故障最小范围	20	不能画出最短的故障线路，每个扣 10～20 分； 标错故障点，每点扣 20 分	
故障排除	正确、迅速排除人为设置两处故障	20	查不出故障，查出故障、但不能排除，每处扣 5～10 分； 扩大故障，每处扣 20 分； 排除方法不正确，每次扣 10 分	
安全生产文明操作			违者，酌情扣分；重者，停训	

考评形式	过程型	教师签字		总分	

综合实训七　三相异步电动机的正、反转控制电路实验

一、实训目的

① 进一步熟悉三相异步电动机的继电器—接触器控制系统的控制原理，熟悉交流接触器、热继电器、自动空气断路器及按钮等低压电器的动作原理及连线方法；

② 掌握三相异步电动机的正、反转控制电路的连接方法；

③ 能够熟记三相异步电动机正、反转控制电路的控制过程。

二、内容要求

1. 实验主要仪器设备

三相异步电动机一台。低压控制电器配盘一套。其他相关设备及导线。

2. 实验电路原理控制图及控制过程

在工程实际应用中，起重机的升降、车刀的进和退等都是由电动机的正、反转控制实现的。三相异步电动机正、反转控制原理电路主、辅回路如图 4-20 和图 4-21 所示。

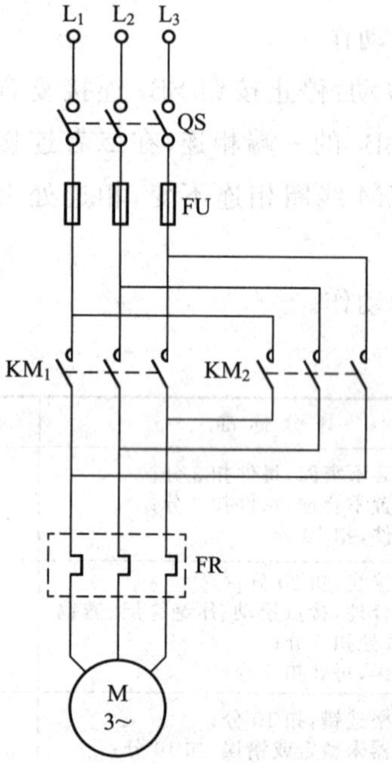

图 4-20　三相异步电动机正、反转控制原理电路主回路

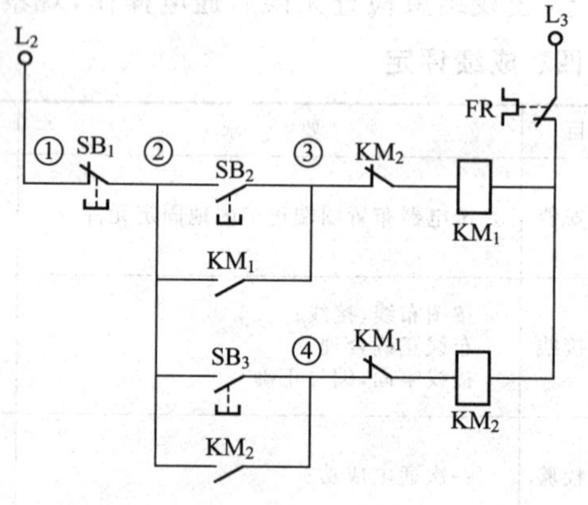

图 4-21　三相异步电动机正、反转控制原理电路的辅助回路

原理电路主、辅回路控制过程如下：

① 闭合主回路中的电源控制开关，为电动机的启动做好准备。

② 按下正转启动按钮 SB_2，正转接触器线圈 KM_1 得电，KM_1 串接在反转控制回路中的辅助常闭打开互锁，即电动机正转时反转控制电路不能接通；KM_1 的三对主触点闭合电动机正转主回路接通，电动机正转启动；同时，KM_1 的辅助常开触点闭合自锁，保证电动机正向连续运转。

③ 按下停止按钮 SB_1，接触器 KM_1 线圈失电，KM_1 的三对主触点随即恢复断开，电动机主电路断电，电动机正向运行停止。同时 KM_1 的辅助触点复位。

④ 按下反转启动按钮 SB_3，反转接触器线圈 KM_2 得电，KM_2 串接在正转控制回路中的辅助常闭打开互锁，即电动机反转时正转控制电路不能接通；KM_2 的三对主触点闭合，电动机反转主电路接通，电动机反转启动；同时，KM_2 的辅助常开触点闭合自锁，保证电动机反向连续运转。

⑤ 当需要反转停止时，按下停止按钮 SB_1，接触器 KM_2 的线圈就会失电，KM_2 的三对主触点随即恢复断开，电动机主电路断电，电动机反向运行停止。同时 KM_2 的辅助触点复位。

三、操作要点

① 连线前要将电路图与实物相对照，做到能把电路中的图形符号、文字符号与实际设备一一对应认识后才能按照电路图进行连线。

② 连接三相异步电动机正、反转控制线路的主回路。两个接触器主触点的连接方式中，KM_1 与点动单向连续运转主电路情况相同，KM_2 则并接在 KM_1 两端，注意 KM_2 与电源相连的一端要把两根电源线对调，使之成为 C→B→A 的线序，以实现从正转变为反转；KM_2 与热继电器相连的另一端保持回路原来的 A→B→C 顺序不变，与 KM_1 的另一端拧在一起后与热继电器的发热元件相串联，最后电动机三相绕组与热继电器发热元件的另一端相连，主电路连接完成。

③ 连接正、反转控制电路的辅助回路。电动机的正、反转辅助回路中共用 3 个按钮，通常实验室中的三相按钮装在同一个按钮盒内，结构形式完全相同。按钮盒内的 3 个按钮连线如图 4-22 所示。4 条向外的引线与电路原理图相对照，位置不能接错。

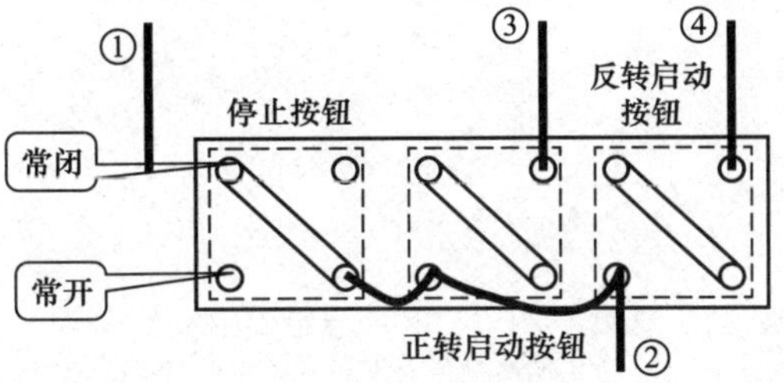

图 4-22　按钮盒内的按钮连接

④ 控制辅助回路正转和反转的连接方法与单向连续运转基本相似，所不同的是加 设了互锁环节，连线位置要注意。

⑤ 连线结束检查无误后通电操作，观察电器及电动机的动作。

四、成绩评定

项目	要　求	配分	评 分 标 准	扣分
元件安装	按电器布置图端正牢固地固定元件	10	元件安装不牢固，每件扣 3 分； 元件位置不合理，每件扣 3 分； 损坏元件，扣 10 分	

续表

项目	要　求	配分	评分标准	扣分
布线接线	按图布线、接线； 布线正确合理； 接线牢固，编号正确	30	不按图接线，扣 20 分； 布线不合理，接点松动、压绝缘层、露铜过长等，每处扣 5 分； 编号错误，每处扣 5 分	
通电校验	一次通电成功	20	熔体规格选错，扣 10 分； 热继电器未整定或错误，扣 10 分； 通电不成功，扣 10～20 分	
故障分析	根据故障现象，正确分析故障最小范围	20	不能画出最短的故障线路，每个扣 10～20 分； 标错故障点，每点扣 20 分	
故障排除	正确、迅速排除人为设置两处故障	20	查不出故障，查出故障、但不能排除，每处扣 5～10 分； 扩大故障，每处扣 30 分； 排除方法不正确，每次扣 10 分	
安全生产文明操作			违者，酌情扣分；重者，停训	
考评形式	过程型	教师签字		总分

参 考 文 献

[1] 李源生.实用电工学[M].北京:机械工业出版社,2005.
[2] 谭恩鼎.电工基础[M].北京:高等教育出版社,1988.
[3] 于占河.电工技术基础[M].北京:化学工业出版社，2001.
[4] 吕砚山.电工技术基础[M].北京:科学技术文献出版社,1980.
[5] 何巨兰.电机与电气控制[M].北京:机械工业出版社,2004.
[6] 陈小虎.电工电子技术[M].北京:高等教育出版社,2000.
[7] 周元兴.电工与电子技术基础[M].北京:机械工业出版社,2002
[8] 王炳实.机床电气控制[M].2版.北京:机械工业出版社,2003.
[9] 田效伍.电气控制与 PLC 应用技术[M].北京:机械工业出版社,2007.
[10] 许缪.工厂电气控制技术[M].北京:机械工业出版社,2005.
[11] 蒋科华.职业技能鉴定指导[M].维修电工.北京:中国劳动出版社,1998.
[12] 李显全.职业技能鉴定教材[M].维修电工.北京:中国劳动出版社,1998.
[13] 曾祥富.电工技能与训练[M].北京:高等教育出版社,2000.
[14] 徐崴.维修电工基本技术[M].北京:金盾出版社，2000.
[15] 邱关源.电路[M].4版.北京:高等教育出版社,2004.
[16] 叶淬.电工电子技术[M].北京:化学工业出版社，2003.
[17] 屈义襄.电工技术基础[M].北京:化学工业出版社，1999.
[18] 马克联.电工基本技能实训指导[M].2版.北京:化学工业出版社，2008.
[19] 陆建遵.电工技能实训指导[M].北京:清华大学出版社,2010.